참외재배

ORIENTAL MELON

국립원예특작과학원 著

 21세기사

참외
재배

Contents

제 I 장 재배역사와 식품적 가치

제 II 장 재배 현황과 경영적 특성

제 III 장 생태적 특성과 재배환경

제IV장 재배방법과 품종

제V장 시설의 설치와 피복재의 이용

제VI장 좋은 모종 기르기

Contents

제IX장 주요 병해충 방제

제X장 시설참외의 효율적인 경영과 유통

제 I 장
재배역사와 식품적 가치

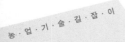

01 원산지와 내력

Growing oriental melon

참외는 분류학상으로 멜론과 같은 종이다. 멜론의 원산지는 야생종의 존재 여부와 지역 내 형질의 다양성, 재배역사가 오래된 점 등으로 판단할 때 순수한 야생종이 발견된 아프리카의 적도 동쪽인 사하라 남쪽 지방을 1차 원산지 즉 1차 중심지역으로 추정한다. 여기서 다른 지역으로 전파된 후 다시 많은 종이 분화한 지역 즉 이란, 터키 등의 중근동(中近東)지역과 인도, 중국 등을 2차 중심지역으로 보고 있다. 인도에는 특히 많은 종이 존재하는데 이들은 재배종이 다시 야생화한 것으로 추정되고 있다.

현재 재배종의 형태를 보면 유럽계 멜론은 여러 가지 특징적인 형태를 가진 멜론이 다양하게 분화되어 있고 주산지가 고온건조한 지역에 분포하고 있는데 비해 동양계 멜론 즉 참외종류는 품종분화가 유럽계에 비하여 단순하고 다습한 조건에서도 잘 적응하고 있다. 이것은 원산지의 기후에 가까운 지역에서 품종분화가 활발히 진행되어 왔고 우리나라와 같이 노지에서 참외를 재배할 수 있는 시기가 다습한 조건에서는 습도에 약한 계통들은 대부분 없어지고 강한 품종만 유지되어 온 결과라고 풀이할 수 있다. 이와 같이 멜론과 참외의 기후 적응성에 차이가 있는 점에서 참외는 원산지가 인도, 중국, 동남아시아이거나 중국의 동북부 또는 한국에서 독자적으로 개량되어 왔다는 설도 있다.

02 우리나라에서의
재배역사와 품종의 변천

G r o w i n g   o r i e n t a l   m e l o n

우리나라에서는 참외는 외(瓜), 첨과(甛瓜), 참외(眞瓜), 왕과(王瓜), 띠외(土瓜), 쥐참외(野甛瓜)의 기록이 있고, 중국에서는 향과(香瓜), 첨과(甛瓜)의 기록이 있으며, 삼국시대 또는 그 이전에 중국의 화북(華北)으로부터 들어와 통일신라시대에는 이미 재배가 일반화된 것으로 추정되고 있다.

고문헌(海東繹史와 高麗史)에 의하면, 통일신라시대에 황과(黃瓜)와 참외(甛瓜, 王瓜)에 대한 기록이 있어서 이때에는 이미 참외재배가 일반화된 것으로 추정된다. 또 고려시대에 만들어져서 오늘날 국보 94호로 지정된 청자과형화병은 참외를 형상화한 자기(磁器)로 이 시기에 참외재배가 융성했고 여름철 과실로서 인기가 있었기 때문에 이러한 문화가 창조된 것으로 생각된다.[1]

품종의 변천을 보면 1960년대 이전까지는 전국 각지에서 재래종이 재배되었는데, 이 시기의 품종은 강서참외, 감참외, 골참외, 백사과, 청사과, 성환참외, 개구리참외, 줄참외, 노랑참외, 수통참외 등의 지방재래종이 있었고, 1957년에 일본에서 은천참외가 도입되었는데 재래종에 비해 당도가 높아 인기가 있었다. 과실에 골이 열 개이기 때문에 열골참외라고도 불리었다.

F1품종이 보급된 것은 1960년대 중반이며, 다끼이종묘에서 육성한 춘향품종의 도입이 그 시초이다. 이 품종은 품질 면에서나 재배의 안정성 면에서 은

---

1) 韓國의 菜蔬, 李愚升, 慶北大學校出版部

천보다 특성이 우수하여 나일론참외라는 별명으로도 불리었는데 이것은 당시 나일론합성섬유가 시중에서 큰 인기를 얻고 있었기 때문이다. 춘향의 보급과 더불어 대단위 주생산단지가 형성되기 시작하였으며 김해의 칠산에서는 1980년대 말까지도 춘향참외의 주생산단지를 유지하였다.

은천참외나 춘향참외는 노지재배용 품종으로 시설재배에서는 생육이 떨어진다. 이러한 결점을 보완한 품종을 중앙종묘에서 육성하여 1975년도에 보급한 것이 신은천참외이다. 이 품종은 저온신장성이 기존의 참외에 비해 우수하여 당시의 시설원예면적의 확대에 힘입어 급속히 보급되었고 금싸라기은천참외는 1984년에 흥농종묘에서 보급한 품종으로 당도가 높고 육질이 아삭하여 품질이 우리나라 국민의 기호에 맞다. 발효과의 발생이 많은 등 약간의 문제점은 있지만 품질이 우수하여 현재는 대부분의 재배면적이 금싸라기형의 참외품종으로 대체되었다.

신은천계통은 고온기가 되면 당도가 많이 떨어지는 경향이 있는데 비해 금싸라기은천참외는 여름에도 당도가 높아서 참외의 품질과 소비량을 한 단계 높인 품종이라 할 수 있다.

경북 성주지방은 참외의 주생산단지화가 일찍 이루어져 성주참외가 우리나라 참외를 대표한 적도 있었다. 이 지역에서의 재배방식 변천사를 보면 1954년에 온상육묘가 시작되어 참외를 도시에 출하하기 시작하였고 점차 재배면적이 늘어나면서 1957년경에는 주생산단지를 형성하였다.

참외의 여러가지 품종

1960년도에 접목재배와 터널재배가 시도되었고, 1967년에는 목죽재를 이용하여 만든 하우스에서 조숙재배작형이 정착되었다. 1980년대 초부터는 작형이 점점 전진되어 반촉성, 촉성작형이 주류를 이루었고 금싸가리은천참외의 보급에 의해 소비가 연중 확대되면서 한 번 심어서 초가을까지 수확하는 소위 연장재배작형이 성립되었다.

03 식품적 가치와 효능

Growing oriental melon

참외는 다른 과채류에 비하면 열량과 비타민이 많아서 식품적인 가치가 높은 편이다. 무엇보다 시원한 맛이 있어서 전통적으로 여름철 과실로서 인기가 있다. 약리작용으로는 덜 익은 참외꼭지를 말린 것은 최토(催吐, 독약이나 몸에 해로운 물질을 먹었을 경우 토해 내게 하는 것)효과가 있어서 한방에서는 참외꼭지 말린 것을 과체라고 하여 약용으로 쓰고 있다.

그 밖에도 참외에 진해(鎮咳, 기침을 그치게 하는 일), 거담작용(祛痰作用, 기관지 점막의 분비를 높여 가래를 묽게 하여 삭게 하는 작용)을 하는 성분이 있고 완하작용(緩下作用, 장을 윤활하게 하는 약을 써서 쉽게 배변을 하게 하는 일)도 하므로 변비에도 도움을 주며 풍담, 황달, 수종, 이뇨 등에도 효과가 있다고 한다. 종자의 기름은 요통(腰痛), 장(腸)의 종물(腫物, 피부가 곪으면서 안에 콩알만 하거나 그 이상의 크기로 부어올라 딱딱하거나 혹은 말랑하게 만져지는 증상)의 치료약으로서도 효과가 있다고 한다.

표1 참외의 성분(가식부 100g 당)

열량 (kcal)	수분(%)	단백질 (g)	지질(g)	탄수화물 (g)	회분(g)	칼슘(mg)	인(mg)	철(mg)
18.0	89.8	2.2	0.4	7.5	0.9	6	79	3.2
비타민 A(RE)	비타민 B₁(mg)	비타민 B₂(mg)	나이아신 (mg)	비타민 C(mg)	비타민 B₆(mg)		폐기율(%)	
6	0.07	0.03	0.6	21	0.06		25.0	

※ 농촌진흥청 식품분석표(2006)

제 II 장
재배현황과 경영적 특성

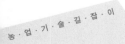

01 재배 현황

Growing oriental melon

　최근 몇 년간 참외의 재배면적과 생산량은 감소하였다. 2011년 현재의 재배면적은 5,852ha이고 생산량은 24만 톤 정도이다. 재배면적 중 노지재배는 '95년에 11.8% 정도였으나 최근에는 2.3%에 불과할 정도로 대부분 농가들은 시설재배를 하고 있다.

　참외 재배지역은 대구·경북지역에 집중되어 있다. 2011년의 전체 시설참외 재배면적의 95.8%가 대구·경북지역에 집중되어 있고, 그 외 경남 1.9%, 경기 1.3%를 차지하고 있다. 노지참외의 재배면적은 133ha이며, 그중 경기지역에 28.6%, 제주지역에 26.3%가 재배되고 있다.

표2	참외의 재배면적 및 생산량				(단위 : ha, 천 톤)
구 분	1995년	2000년	2005년	2010년	2011년
전체면적	11,999	10,203	7,077	6,215	5,852
- 시설면적	9,745	9,449	6,655	6,097	5,719
- 노지면적	2,254	754	422	118	133
생 산 량	331	292	294	247	239

※ 자료 : 농림수산식품부, 「2011 시설채소 온실현황 및 채소생산실적」, 2012.

표3 **시도별 참외 생산실적(2011년)**

(면적: ha, 단수: kg/10a, 생산량: 톤)

시도	계		노지			시설		
	면적	생산량	면적	단수	생산량	면적	단수	생산량
전국	5,852	180,013	133	2,100	2,793	5,719	3,099	177,220
서울	1	28	1	2,826	28	0	0	0
대구	338	9,934	5	2,605	130	333	2,944	9,804
인천	20	351	17	1,596	271	3	2,670	80
경기	110	2,996	38	2,826	1,074	72	2,670	1,922
강원	5	114	3	1,745	52	2	3,101	62
충북	3	75	2	2,279	46	1	2,900	29
충남	17	493	5	2,151	108	12	3,206	385
전북	18	438	4	2,377	95	14	2,450	343
전남	44	947	19	1,921	365	25	2,326	582
경북	5,149	161,622	1	2,605	26	5,148	3,139	161,596
경남	112	2,453	3	1,200	36	1,092	217	2,417
제주	35	562	35	1,605	562	0	0	0

※ 자료 : 통계청, 국가통계포털 농산물생산조사(http://kosis.kr/), 2012.

02 주산지 및 출하지역

Growing oriental melon

시설참외는 성주(67.6%), 칠곡(7.9%), 김천(5.4%), 달성(4.8%), 함안
(2.5%), 고령(1.8%) 등에서 많이 재배되고 있으며, 성주지역을 중심으로 주산
지가 형성되고 있다.

표4 시설 참외의 주산지 현황

구 분	성주	칠곡	김천	함안	익산	고령	기타
재배면적(ha)	3,398	398	270	243	126	90	504
점유율(%)	67.6	7.9	5.4	4.8	2.5	1.8	10.0
순 위	1	2	3	4	5	6	

※ 자료 : 통계청, 국가통계포털 농림어업총조사(http://kosis.kr/), 2010.

가락동 농수산물 도매시장으로 출하하는 지역은 대체로 성주, 달성, 고령,
김천, 예천, 안동 등 대구·경북지역이다. 참외의 월별 출하량은 5월이 가장 많
고, 12월이 가장 적었다. 지역별 출하량 비중은 성주지역이 3월에서 8월까지
80 % 이상을 차지하고 있었다.

표5 **가락동 농수산물 도매시장의 참외 출하지역과 출하량**

월	지역별 출하량 비중(%)	출하량(톤)
1월	달성(82.0), 성주(5.4), 의령(5.1), 진주(3.1), 해남(3.0)	54
2월	성주(57.6), 달성(38.7), 함안(1.8), 달서(1.1), 의령(0.7)	219
3월	성주(93.5), 고령(2.4), 달성(2.1), 함안(1.6), 의성(0.1)	877
4월	성주(90.4), 달성(4.7), 김천(3.7), 고령(0.7), 칠곡(0.4)	2,927
5월	성주(90.7), 달성(3.4), 김천(3.1), 예천(2.3), 칠곡(0.3)	7,130
6월	성주(89.3), 김천(5.2), 달성(2.0), 예천(1.6), 고령(0.9)	5,263
7월	성주(88.1), 김천(5.9), 예천(2.1), 안동(2.1), 고령(1.0)	4,998
8월	성주(84.0), 김천(10.3), 안동(2.9), 예천(2.6), 칠곡(0.2)	2,133
9월	성주(72.7), 김천(14.8), 예천(6.7), 안동(4.7)	888
10월	성주(54.0), 김천(34.6), 예천(9.3), 안동(2.0), 상주(0.1)	214
11월	김천(67.4), 성주(29.4), 예천(2.1)	33
12월	달성(58.6), 성주(28.6), 의령(6.8), 밀양(5.1)	29

※ 자료 : 서울시농수산물유통공사, 「출하지 분석집」, 2012.

03 소득

Growing oriental melon

　　시설참외의 전국 평균 소득은 2011년을 기준으로 10a당 489만2,000원이다. 시도별로 10a당 소득을 보면 경북지역이 662만2,000원으로 가장 높고, 경남지역이 96만6,000원으로 가장 낮았다.

표6　　**참외의 소득 자료**

(기준 : 연 1기작/10a)

시도	수량(kg)	조수입(천원)	경영비(천원)	소득(천원)	소득률(%)
전국	3,454	8,321	3,428	4,892	58.8
경기	1,885	4,790	2,624	2,166	45.2
경북	4,234	10,242	3,620	6,622	64.7
경남	1,591	3,744	2,777	966	25.8

※ 자료 : 농촌진흥청, 「2011 농산물 소득자료집」, 2012.

표7　　**시설 과채류의 소득과 노동투입량 비교**

(기준 : 연 1기작/10a)

구분	시설참외	수박(반촉성)	시설호박	딸기(반촉성)	오이(반촉성)
소득(천원)	4,892	3,410	6,384	10,226	7,842
노동시간(시간)	329	161	401	520	559

※ 자료 : 농촌진흥청, 「2011 농산물 소득자료집」, 2012.

　　참외 소득은 수박(반촉성)보다 높고, 시설호박, 딸기(반촉성), 오이(반촉성)보다 낮으나 참외의 노동시간은 수박을 제외한 다른 시설 과채류에 비해 적다.

단위 면적당 노동시간이 적게 들어가면 재배면적을 확대시킬 수 있는데, 최근 보온덮개 자동개폐기, 권취식 측면 자동개폐기 등 자동화 시설이 보급되면서 가족 노동력만으로 더 많은 면적을 경영할 수 있게 되었다.

04 출하

Growing oriental melon

대부분의 참외 농가들은 지역 농협 등을 통해 계통출하하고, 일부 농가들은 작목반, 영농조합법인 단위로 도매시장 등으로 공동출하한다. 산지의 참외 출하단위는 2011년부터 15kg에서 10kg로 변경되었다.

표8 참외의 등급규격

구 분	특	상	보통
낱개의 고르기	별도로 정하는 크기 구분표 [표 1]에서 무게가 다른 것이 3% 이하인 것. 단, 크기 구분표의 해당 무게에서 1단계를 초과할 수 없다.	별도로 정하는 크기 구분표 [표 1]에서 무게가 다른 것이 5% 이하인 것. 단, 크기 구분표의 해당 무게에서 1단계를 초과할 수 없다.	특·상에 미달하는 것
색택	착색비율이 90% 이상인 것	착색비율이 80% 이상인 것	특·상에 미달하는 것
신선도, 숙도	과육의 성숙 정도가 적당하며, 꼭지가 시들지 아니하고 신선도가 뛰어난 것	과육의 성숙 정도가 적당하며, 꼭지가 시들지 아니하고 신선도가 양호한 것	특·상에 미달하는 것
중결점과	없는 것	없는 것	5% 이하인 것(부패·변질과는 포함할 수 없음)
경결점과	3% 이하인 것	5% 이하인 것	20% 이하인 것

※ 자료 : 농산물품질관리원, 농산물 표준규격정보(http://www.naqs.go.kr), 2012.

표9 **참외의 크기 구분**

구분 　　　　　호칭	3L	2L	L	M	S	2S	3S
무게(g/개)	715 이상	500~715	375~500	300~375	250~300	214~250	214 미만

※ 자료 : 농산물품질관리원, 농산물 표준규격정보(http://www.naqs.go.kr), 2012.

　　참외 등급규격은 낱개의 고르기, 색택, 신선도, 숙도, 중결점과, 경결점과 등에 따라 특·상·보통으로 구분하도록 되어 있다. 크기의 기준은 참외 1개의 무게가 3L은 715g 이상, 2L은 500~715g, 1L은 300~375g, M은 300~375g, S는 250~300g, 2S는 214~250g, 3S는 214g 미만으로 규정하고 있다.

　　참외 산지공판장의 선별 규격은 10kg 상자에 담긴 개수에 따라 등급이 달라지는데 1등급은 21~40개, 2등급은 41~50개, 3등급은 61~60개, 4등급은 20개 이하, 5등급은 61~70개이고, 열과, B품으로 별도로 나누어 거래된다.

표10 **참외 산지공판장의 선별규격**

(단위 : 개수/10kg 상자)

등급	1등급	2등급	3등급	4등급	5등급	열과, B품
개수	21~40	41~50	51~60	20 이하	61~70	그 외

※ 자료 : 농산물유통공사 농산물유통정보(http://www.kamis.co.kr/), 2012.

05 가격 동향

Growing oriental melon

가락동 농수산물 도매시장의 참외 경락가격의 연도별 변화를 살펴보면 2005년부터 매년 상승 추세를 보이다가 2011년 다소 감소하였다. 최고가와 최저가의 차이가 가장 많은 연도는 2006년으로 7.4배이며, 가장 적은 연도는 2011년으로 2.0배였다.

표11 **연도별 참외의 공영도매시장 경락가격 변화**

(단위 : 원/10kg)

연도	2005	2006	2007	2008	2009	2010	2011
평균	25,035	26,923	29,378	28,776	28,165	32,589	24,807
최고가(A)	51,654	55,432	58,000	53,673	54,913	62,479	34,555
최저가(B)	10,500	7,459	12,959	13,280	9,079	17,079	17,184
차이(A/B)	4.9	7.4	4.5	4.0	6.0	3.7	2.0

※ 자료 : 서울시농수산물유통공사, 「2011년도 거래연보」, 2012.

월별 가격 동향을 보면 참외 생산량이 적은 2월에서 4월까지 높은 가격대를 형성하다가 5월부터 급격히 하락하여 7월 이후부터 완만한 하락세를 보였다. 따라서 상대적으로 가격대가 높은 5월까지 수량을 증대시킬 수 있는 재배기술의 활용이 필요하다.

특품과 하품 간의 가격 차이는 6월까지 2.0~2.6배의 차이를 보이다가 7월 이후부터 4배 이상의 차이를 보이므로 7월 이후 품질관리에 힘써야 한다.

표12 **참외의 월별 가격 동향(2011년)**

(단위 : 원/10kg)

월별	특품(A)	상품	중품	하품(B)	차이(A/B)
2월	65,336	59,756	50,171	26,896	2.4
3월	61,819	54,077	43,523	31,478	2.0
4월	57,546	46,739	37,676	27,223	2.1
5월	43,446	31,750	24,531	16,759	2.6
6월	47,506	36,000	28,034	18,223	2.6
7월	36,038	22,242	14,257	7,907	4.6
8월	40,016	25,574	16,929	9,907	4.0
9월	33,460	22,576	13,889	7,850	4.3
10월	31,343	22,892	15,365	10,200	3.1
11월	19,880	12,652	6,551	4,081	4.9
12월	49,371	41,029	24,811	12,943	3.8

※ 자료 : 서울시농수산물유통공사, 「2011년도 거래연보」, 2012.

제 III 장
생태적 특성과 재배환경

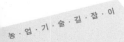

참외
재배

01 착화습성

Growing oriental melon

참외는 덩굴성으로 그대로 방임하면 덩굴이 5m 이상 자라며 각 마디에서 곁순이 나와 아들덩굴, 손자덩굴을 구성하는데 꽃은 세 가지 형태가 있다. 즉 수꽃과 두 종류의 암꽃이 있는데 하나는 암꽃에 수술이 없는 단성화이고 다른 하나는 암꽃에 수술이 같이 있는 양성화이다.

암꽃은 대개 어미덩굴에는 맺히지 않고 손자덩굴 첫 번째 마디에 잘 맺힌다. 그러나 손자덩굴의 발달을 억제시키면 아들덩굴에도 암꽃이 맺힌다. 품종과 환경조건에 따라서는 연속해서 2~3마디까지 맺히기도 한다.

수꽃은 아들덩굴 또는 암꽃이 맺히지 않는 손자덩굴 마디에 맺힌다.

우리나라에서 최근에 많이 재배되고 있는 품종들은 아들덩굴과 손자덩굴 모두 암꽃이 잘 착생된다. 암꽃은 아들덩굴과 손자덩굴에서 발생하는 곁가지의 첫 번째마디 또는 두 번째 마디에 피며 첫 번째와 두 번째 마디 모두 달리는 경우도 있다.

암꽃의 착생률은 품종의 유전적인 특성에 따라 큰 차이가 있고 환경조건도 이에 영향을 미친다. 단일과 저온조건에서 착생률이 증가하고 고온관리하거나 고온장일조건에서는 꽃눈의 발육이 불충분하거나 암꽃이 수꽃으로 변하기도 하여 암꽃의 착생률이 낮아지며, 야간온도는 특히 암꽃착생에 영향을 많이 미친다.

육묘환경이 암꽃분화에 영향을 주는 시기는 본잎 1매 전개 이후부터이고 2

매째부터 더 큰 영향을 주므로 육묘후기의 관리에 주의해야 한다. 어느 품종이나 저절위 즉 아랫마디에는 암꽃 착생률이 낮고 윗마디 즉 고절위에는 잘 달리는 경향이 있다.

02 온도 적응성

Growing oriental melon

가 기온

참외는 고온성작물로서 낮 온도 30℃ 전후에서 생육이 왕성하고 일시적으로는 40℃까지 고온이 되어도 생육에 큰 지장이 없으나 장기간 계속되면 고온장해를 받게 되며 꽃눈분화, 착과 등에 나쁜 영향을 끼친다.

밤에는 18~20℃가 생육적온이며, 낮은 온도에 서서히 적응하면 생육적온보다 훨씬 낮은 온도에서도 견딘다. 그러므로 경제적인 면에서 보면 생육시기에 따라 차이는 있지만 12~16℃ 범위가 적당하다.

호박대목에 접목재배를 하면 야간 최저온도나 지온을 참외보다 더 낮게 관리할 수 있다. 주산지에서는 연작장해를 방지하거나 저온에 잘 견디게 하기 위하여 접목재배를 하는데 대목으로 사용하는 호박은 참외보다 저온에 강하므로 야간온도를 참외보다 2℃ 정도 더 낮추어도 지장이 없다. 그러나 교배기에는 최저온도를 16℃ 이상은 유지해 주어야 착과율이 높고 과실의 비대도 양호해진다.

나 지온

뿌리의 생육적온은 20~25℃ 범위이다. 참외의 뿌리가 신장할 수 있는 온도

범위는 최저 8℃에서 최고 40℃까지라고 알려져 있고 짧은 기간에 한정하면 지온이 34℃일 때 뿌리의 생장량이 가장 많다고 한다. 그러나 이러한 온도에서는 뿌리의 노화가 빠르게 진행되기 때문에 장기적으로는 생육에 적당하지 못하다.

양분과 수분은 뿌리털에서 흡수하는데 뿌리털은 수명이 매우 짧고 지온이 14℃ 이하나 40℃ 이상에서는 새 뿌리털이 발생하지 않는다. 주산지의 재배실태를 보면 야간 최저기온이 거의 생육의 한계상황까지 떨어지는데 이러한 조건에서는 지온이 매우 중요하며 최소한 15℃ 이상은 유지되어야 한다.

표13 참외의 온도 적응성

기 온(℃)		지 온(℃)	필요최저온도(℃)	
낮	밤		기온	지온
25~30	18~20	20~25	12	14

03 광 적응성

Growing oriental melon

참외는 햇빛을 좋아하는 작물이며 광보상점은 1klux이지만 광포화점은 5~60klux로 다른 작물에 비해 많은 햇빛을 필요로 한다. 저온기의 시설재배에서는 햇빛이 생육에 가장 큰 영향을 미치는 요인이고 이 시기에 시설 내에 투과되는 일사량은 광포화점에 못 미치는 경우가 대부분이다.

햇빛은 참외의 생장뿐만 아니라 꽃눈분화나 꽃의 충실도 그리고 착과에도 큰 영향을 미친다. 1~2월은 특히 일사량이 부족하기 쉬운 시기이므로 햇빛을 최대한 이용할 수 있도록 관리하고, 광합성은 오전 중에 많이 이루어지므로 오전 중의 햇빛이 더욱 중요하다.

04 토양 적응성

Growing oriental melon

토양은 가리지 않는 편이어서 어느 토양에서나 재배가 잘된다. 사양토는 지온이 빨리 오르기 때문에 초기생육이 빠르고 수확기도 단축된다. 그러나 생육 후기에 초세가 약화되어 과실의 품질이 떨어지거나 토양수분의 변화가 심할 경우에 발효과 발생이 문제될 수 있다. 반대로 점질이 많은 토양에서는 당도는 높지만 초기생육이 늦어 수확시기가 늦어지는 결점이 있다.

참외뿌리는 얕게 뻗는 편에 속하고 처음에 발생하는 원뿌리의 수가 적고 잔뿌리의 발생도 적은 편이다. 그리고 산소 요구량이 많기 때문에 뿌려가 잘 자라게 하려면 보수력이 좋으면서도 배수가 잘되어 지온이 빨리 오를 수 있는 토양이 이상적이다. 이러한 토양으로 만들려면 유기물을 충분히 넣고 깊이 갈아주는 것이 가장 좋은 방법이며, 알맞은 토양산도는 pH 6.0~6.5이다.

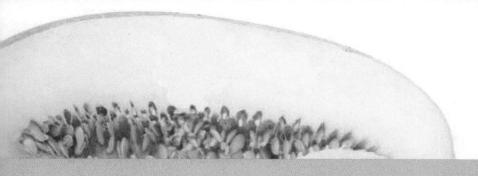

제 Ⅳ 장
재배방법과 품종

1. 재배 방법
2. 품종

01 재배 방법

Growing oriental melon

참외는 본래 노지에서 재배되었으나 국민식생활의 변화에 따른 연중 소비와 단경기 출하에 의한 고가판매를 위해 재배방법이 다양하게 분화되었다.

1988년을 기점으로 노지재배면적은 50% 이하로 감소되었고, 이후 터널조숙재배를 거쳐 최근에는 반촉성 및 촉성재배가 남부지역을 중심으로 가장 많이 재배되고 있다. 일부 지역에서 연장재배(장기재배)와 억제재배도 이루어져 연중 참외가 생산되고 있다.

표14 **참외의 주요 재배방법**

재배방법	파 종	기육묘기간(일)	아주심는 시기	성숙일수(일)	수 확 기	재배지역
촉 성	11중~12중	40	12하~1하	90	3하~4중	남 부
반촉성	1상~2중	40	2중~3하	80	5상~6중	남부·중부
터널조숙	3상~4상	40	4중~5상	70	6하~7상	남부·중부
노 지	4하~5상	30	5하~6상	50	7중~8중	남부·중부

가 촉성재배

11월 중순~12월 중순에 파종하여 접목하고 12월 하순~1월 하순에 온실에 아주심고, 생육 전 기간 동안 적온유지를 위해 난방기를 이용한 가온 혹은 비닐과 부직포의 이중피복으로 온도유지가 이루어지는 작형을 촉성재배라고 하는데 남부지방에서는 온도관리에 유리하여 많이 재배되고 있다.

저온 단일기인 12~1월에 아주심기 때문에 착과비대가 잘되고 숙기가 빠르며 저온 신장성이 강한 품종이 좋다. 또 과실비대기 기상조건이 나쁘면 발효과(醒醒果), 기형과 등의 발생이 많기 때문에 생리장해과 발생이 적은 품종을 선택하여 위험부담을 줄여야 한다.

보온에 힘쓰다 보면 일조량이 부족하여 식물체가 연약해지기 쉽고, 또 하우스 외부의 온도가 낮아 하우스 내 환기가 어려워 여러 가지 병이 발생하기 쉬우므로 환기에 유의해야 한다.

나 반촉성재배

1월 상순~2월 중순에 걸쳐 파종하여 2월 중순~3월 하순에 아주심으며, 생육중기까지 촉성재배와 같이 가온 또는 보온재배하고 후기부터는 노지재배와 같은 환경에서 이루어지는 재배방법으로, 남부지방은 이중피복을 이용한 보온 형태로 많이 이루어지고 있다. 생육초기 기온이 낮아 냉해를 받기 쉬우므로 보온에 유의하고, 후기는 주간온도가 지나치게 높아질 우려가 있으므로 환기에 유의한다.

난방기 없이 정식기를 무리하게 앞당기면 낮은 지온으로 활착이 지연되고 생육이 부진하여 기형과, 발효과 등의 비상품과 발생이 많고 품질도 나쁘게 된다. 그러므로 반촉성재배는 온실 내 최저기온을 12℃ 이상 확보할 수 있고 지온이 15℃ 이상이 되는 시기에 아주심기를 해야 한다.

다 터널조숙재배

3월 상순~4월 상순에 파종하여 하우스에서 모기르기를 하고 4월 중순~5월 상순에 노지터널에 아주심어 재배하며 후기부터 노지재배와 동일하게 관리가 이루어지는 재배방법으로 반촉성재배와 노지재배 사이에 해당된다.

아주심기 초기에는 늦서리와 저온피해를 입기 쉬우며 주·야간 일교차가 심하면 유과 열과와 배꼽과, 기형과 등의 발생이 심하므로 5월 상·중순까지 보온 덮개를 덮어주고, 반대로 낮에는 터널 내 고온이 되지 않도록 환기에 유의한 다.

라 노지재배

4월 하순~5월 상순에 파종하여 늦서리가 끝난 5월 하순~6월 상순경 노지에 정식하며 7월 중순~8월 중순에 수확하는 재배방법이다. 비닐이 개발되기 전에는 대부분이 노지재배였다가 여름철 강우와 일조부족으로 노균병, 탄저병, 역병 등의 병 발생이 심하고 과실품질이 떨어져 근래에는 재배면적이 2% 이하로 줄었다. 주로 경기도 지역에서 관광농업형태로 재배한다.

마 비가림억제재배

6월 상·중순경에 파종하여 7월 상·중순경에 아주심으며, 노지에 비닐터널을 만들어 수확하는 재배방법으로 하절기에 강우를 차단함으로써 노지재배에서 많이 발생하는 병 발생을 감소시킨다.

바 하우스억제재배

재배적기가 지난 후 재배하는 방법을 억제재배라 하며 7월 하순~8월 상순에 파종하여 8월 하순~9월 상순경 하우스에 정식하며, 추석 무렵에 수확한다. 비가림억제재배보다 품질이 좋고 수량성이 높아 참외 촉성재배와 반촉성재배의 후작으로 재배가 이루어지고 있다.

사 연장재배(장기재배)

촉성재배나 반촉성재배 후 덩굴을 다시 키워 가을까지 계속 수확하는 방법이다. 근래 품질이 우수한 참외 품종의 보급에 의해 여름철에도 가격이 높게 형성된 후에 개발된 재배방법으로, 성주지역 등 주산지를 중심으로 많이 이루어지고 있는 작형이다.

생육기간이 1월에서 9월까지 장기간이므로 2~3차 수확 시까지 초세를 유지할 수 있는 시비법, 결과지(結果技)의 정지법, 그리고 토양 연작장해 대책에 관한 재배기술이 필요하다.

02 품종

Growing oriental melon

참외품종은 개구리참외 등의 지방재래종부터 최근의 개량종까지 많은 품종이 있으나 크게 분류하면 노지재배용인 은천 계통, 시설재배용으로 육성된 신은천 계통, 신은천 이후에 육성된 단성화로서 당도가 높은 금싸라기은천참외 계통과 신은천과 금싸라기은천의 중간형태라고 볼 수 있는 즉 양성화이면서 배꼽이 작은 황태자참외 계통 등으로 나눌 수 있다.

가 재래종 참외

1960년대 이전까지는 전국 각지에서 재래종이 재배되었다. 이 시기의 품종은 강서참외, 감참외, 골참외, 백사과, 청사과, 성환참외, 개구리참외, 줄참외, 노랑참외, 수통참외 등의 지방재래종이 있었으나 지금은 거의 재배되지 않고, 개구리참외가 천안의 일부 지역에서 재배되고 있다.

개구리참외는 과피색이 녹색이거나 녹색바탕에 흑록색의 얼룩무늬가 있다. 오래전 성환지방에서 많이 재배되었다 하여 성환참외라고도 불린다. 태좌부가 적색이고 과육은 녹색이며 육질이 사각사각하여 특징적인 맛이 있다. 그러나 열과가 심하고 당도도 현재의 인기 있는 품종에 비해 상당히 낮다. 만생종이며 특이한 외관으로 소비자의 관심을 끌고 있다.

나 　고향참외

개구리참외의 분위기를 유지하기 위해 최근에 개량된 품종으로서 과피색이 농록색이며 과육은 적색이다. 단성화이기 때문에 기형과 발생이 적고 당도는 13~15도로 재래종에 비해 월등히 높다. 과일무게는 500~600g이며 내한성과 초세도 강하여 반촉성 재배와 터널재배에 알맞다. 숙기는 은천참

고향참외

외와 비슷하며 과숙되면 과피가 트거나 육질이 분질이 되기도 한다.

다 　은천참외

1950년대 말 일본에서 도입된 품종으로 재래종에 비해 당도가 높아 인기가 있고, 과실에 열 개의 골이 있어서 열골참외라고도 불리었다. 여름철의 노지용 품종으로 저온신장성이 떨어지며, 춘향참외와 함께 신은천참외가 육성될 때까지 참외의 주품종으로 재배되었다.

라 　신은천참외 계통

신은천참외는 은천참외로부터 개량된 교배종 품종으로 우리나라 교배종 참외의 효시이다. 은천에 비해 저온에 강하고 착과력도 좋으며 저장기간도 길어 수확 후 5~10일간 유통이 가능하다. 발효과의 발생이 적어서 촉성작형에 알맞으나 배꼽(꽃자리)이 커서 불량한 환경조건에서는 기형과의 발생이 많은 경향이 있고 조숙 또는 노지작형과 같이 생산시기가 늦어지면 당도가 낮아지기 쉬운 결점이 있다.

신은천이 육성되면서부터 참외의 저온기 시설재배가 확대 보급되었다고 해도 과언이 아니다. 주요 품종으로는 향미조생, 미광은천, 조생하우스은천참

외, 통일황참외 등과 양성화이면서 배꼽이 작은 참맛은천, 황태자, 황옥은천참외, 금도령참외 등 품종이 다양화되고 있다.

마 금싸라기은천참외 계통

은천이나 신은천참외가 양성화인데 비해 금싸라기은천참외는 단성화이기 때문에 배꼽과의 발생이 거의 없어서 상품성이 좋고 당도가 높으며 육질이 사각사각하여 소비자에게 인기가 있다. 저장성도 신은천계통보다 길어서 판매에 유리하지만 저온신장성이 약하고 발효과나 물찬과의 발생이 많은 것이 결점이다. 금싸라기은천참외의 육성에 의해 참외의 품질이 한 단계 개선되고 소비도 확대되었다. 반촉성 이후의 작형에 알맞지만 지금은 촉성재배용으로 이용하는 지역도 많다.

이 계통의 품종이 1990년대 참외의 주품종이며 여기에 포함되는 품종으로 사계절참외, 참존참외, 금괴참외, 금노다지은천참외, 금보라참외, 금향은천참외, 금지게은천참외, 금동이은천참외, 황진은천참외 등 여러 품종이 있다. 이들 품종 중 금지게은천참외는 발효과 발생이 거의 없고 과피색이 주황색에 가까울 정도로 짙으나 당도가 다소 낮다. 금싸라기은천참외 이후에 개발된 품종으로는 슈퍼금싸라기은천참외와 사계절참외가 있으며 발효과 발생이 다소 적은 것으로 알려져 있다.

수로왕참외는 농촌진흥청에서 개발한 품종으로 과피색이 짙은 황색이고 당도가 높으며 발효과 발생이 적어서 재배가 유망하지만 양성화이기 때문에 배꼽자리가 크며 숙기가 늦은 것이 결점이다.

바 최근 참외 품종

1990년대 후반부터 금싸라기은천 계통의 참외를 개량한 과장이 짧고 골이 깊으면서 과피색이 진하고 당도가 높은 품종들이 개발되었다. 2003년에 개발된 오복꿀참외가 금싸라기은천참외 이후 가장 대표적인 참외품종이 되었다. 2000년대 후반부터는 참외재배에서 가장 방제가 어려운 병인 흰가루병에 강한 참외품종이 개발되었는데 조은대, 국보꿀, 오복플러스꿀참외 등이 있다.

매년 많은 품종이 보급되면서 신품종의 특성에 대한 이해가 부족하고 재배법이 정착되지 않아 초세 조절에 실패하여 착과 불량으로 수확이 지연되고 수량이 감소하는 경우가 많다. 그러므로 품질, 수량뿐 아니라 재배 시 장단점 등 신품종에 대한 특성을 충분히 파악하고 품종을 선택하여야 한다.

최근 참외재배 주산지에서 재배되고 있는 주요 품종은 오복꿀, 부자꿀, 만리장성, 조은대참외 등이 있다. 오복꿀참외는 과장이 짧은 단타원형으로 과피색이 진하고 골이 깊으며 과육색이 희고 육질이 우수한 반면 숙기가 다소 늦고 금싸라기은천참외에 비해 과실의 크기가 다소 작은 편이다. 부자꿀참외는 중대과종품종으로 풍산성이며 후기까지 특성이 유지되고 초세가 생육후기까지 안정적이나 초세를 강하게 키우면 착과에 어려움을 겪을 수 있다. 만리장성참외는 저온기 암꽃발생이 많으며 착과력이 좋고 숙기가 빠른 편이나 육질이 다소 무른 편이다. 조은대참외는 흰가루병에 강하고 과장이 짧으며 과피색이 진한 편으로 손자덩굴의 발생이 적어 재배가 쉬운 반면 숙기가 늦고 노균병에 약한 편이다.

참외형 멜론

참외형 멜론은 재배방법과 소비형태가 참외와 유사한 멜론종류를 말한다. 과피색이 황색인 품종으로는 황금멜론과 넘버원멜론, 금항아리가 있으며 과피색이 얼룩무늬인 품종으로는 파파이야와 카멜레온이 있다.

황색종 중 황금멜론은 타원형의 소과종으로 착과력과 담과력이 양호하여 수량이 많으며, 숙기가 빠르고 덩굴마름병에도 강하여 재배하기가 매우 쉽다. 다만 재배조건에 따라서는 수확기에 열과가 많이 발생하는 결점이 있다.

참외형 멜론

넘버원은 고구형의 중·대과종으로 과피가 단단하여 저장성이 좋고 담록색

의 과육은 씹힘성이 좋다. 저온기에는 착색이 나쁜 경우가 있고 덩굴마름병에
다소 약한 편이다.

농촌진흥청에서 육성한 금항아리는 타원형의 중과종으로 과피색이 짙은
황색으로 외관이 수려하다. 잎이 작고 덩굴마름병에 강하여 키우기 쉽다. 태좌
부의 색이 다소 붉은 빛을 띠는 것이 흠이다.

얼룩무늬 계통인 파파이야와 카멜레온은 타원형의 중과종으로 외관으로
볼 때는 상품성이 떨어지지만 착과력이 좋고 담과력도 우수하여 재배가 매우
쉽다. 완숙시켜 수확하면 당도가 높고 육질도 부드러워 품질이 우수한데 수확
기에 세력이 강하면 과피에 넷트가 생기기 쉽고 또 수확기를 판정하기가 애매
한 것이 결점이다.

제 V 장
시설의 설치와 피복재의 이용

01 시설설치의 입지조건

Growing oriental melon

비닐하우스의 설치에 적합한 입지조건은 다음과 같이 설치할 지역의 기후, 관·배수, 토양, 교통, 유통시설 등을 고려하여야 한다.

가 기상조건

(1) 기온

기온조건은 작물 생육과 서로 밀접한 관계가 있고 겨울철 재배 시에 난방부하 및 보온피복을 위한 비용과 노력에 큰 영향을 미친다. 겨울철 기온이 높은 지역일수록 난방비와 보온피복비가 적게 들어 생산비를 절감할 수 있게 된다. 예를 들면 섬피로 외면피복하여 시설오이를 재배할 정우 10a당 연간 연료소모량은 경남 김해지역에서 5,280ℓ 소요되는데 비해 충북 보은지역에서는 거의 2배인 10,050ℓ나 소요된다.

(2) 일사량

기온과 함께 햇빛 쬐는 양과 시간도 겨울철 시설재배 시에 매우 중요하다. 일반적으로 시설재배는 산간지가 아닌 평지에서 일조시간이 길수록 유리하며 햇빛의 양(일사량)이 적은 시기라도 노지의 1일 평균일사량이 최저 140 cal/㎠ 이상은 되어야 한다. 일사량과 일조시간은 겨울철 재배 시에 난방비, 보온피복비와 밀접한 관계가 있다.

일조시간이 길고 일사량이 많으면 작물의 생육이 빨라지고 시설 내 토양에 태양에너지가 축열됨으로써 야간 온도확보가 유리하게 되어 난방비가 그만큼 적게 소요된다. 일사량을 감안할 때 동쪽과 남쪽이 트인 곳이나 동남향의 완경사지 혹은 평지의 지대가 높은 곳이 유리하다.

(3) 풍속 및 적설량

풍속과 적설량은 시설구조의 안전도와 밀접한 관계가 있으므로 비닐하우스를 설치할 때에는 그 지역의 순간최대풍속과 최대적설량을 고려해야 한다. 바람이 피복자재에 작용하여 서까래나 가로장을 통해 지지하고 있는 기둥에 전달될 때 변형을 일으키지 않아야 한다. 일반적으로 순간최대풍속이 35m/sec 이상인 지역은 강풍에 견디는 시설이 보완되어야 한다.

그리고 눈은 수직방향의 힘으로만 작용하므로 시공 시 그 지역의 최대적설량에 견디는 안전구조이어야 한다. 최대적설량이 40cm 이상인 지역은 적설하중에 견딜 수 있도록 시설이 보완되어야 한다. 일반적으로 하우스의 설치 적지는 동쪽과 남쪽이 트이고 서쪽과 북쪽이 막혀 강한 북서풍을 막을 수 있는 곳이 좋다.

나 관·배수조건

용수는 염류농도가 낮고 유해물질이 적게 함유되어 깨끗해야 한다. 또한 시설작물은 많은 양의 물을 요구하므로 지속적으로 물을 공급할 수 있어야 한다.

특히 대규모 재배시설에는 양수장이나 물 저장시설이 구비되어야 하고, 호우 시 침수의 위험이나 하천 범람의 위험이 없는 곳이어야 한다. 그리고 가급적이면 배수가 잘되는 땅에 설치하는 것이 좋다.

다 토양조건

토양은 지반이 단단하고 구조물이 설치되었을 때 침하가 일어나지 않아야 한다. 만일 땅돋우기 또는 복토를 하였을 경우는 지반을 다진 후에 시공해야 한다. 가능한 한 물빠짐(수직배수)이 좋고 비옥한 토양이 좋다.

라 교통조건

시설은 우선 도로로부터 가까워서 통행하기 편리하며 집하지 또는 시장과 거리가 가까운 곳이 좋다. 수출단지일 경우는 공항이나 컨테이너 수송항구와 가까운 곳이 좋다. 그리고 시설 경영자의 숙소는 가급적 가까운 것이 작업상 유리하다.

마 사회경제적 조건

대규모 재배시설일 경우 많은 노동력을 필요로 하는 시기에 인근지역으로 부터 인력을 동원할 수 있어야 하며 시설재배자의 주거지로서 생활에 불편함 이 없는 곳이 좋다.

02 시설물의 구비조건

Growing oriental melon

가 골격률이 적은 시설

낮 동안에 시설 내로 햇빛이 투과되는 정도는 일조량이 부족한 겨울철 재배
작물의 품질과 생육에 직접적인 영향을 미친다. 기본적으로 시설의 구조변에
서 골격률(frame rate)이 적은 시설이 햇빛의 투과율이 높다.

표15 채소재배시설 골재종류별 설치현황(2011)

구 분	계	목재	PVC	철 재				
				소계	파이프	PVC피막파이프	철골원형	철골각관
면적(ha)	49,537	106	348	49,083	47,095	1,468	431	89
비율(%)	100	0.2	0.7	99.1	95.1	2.9	0.9	0.2

※ 자료 : 농수산식품부 (2012)

골재에 의한 차광 정도는 사용하는 골재의 종류나 구조 및 크기에 따라 다
르다. 일반적으로 목재보다는 철골이, 크기가 작은 시설보다는 큰 시설이 빛을
덜 가린다. 골격률은 시설의 크기나 구조에 따라 차이가 있으나 대략 유리온실
은 15~20%이고 비닐하우스는 5~10%이다. 그러나 시설내부에 보온커튼을 2중
혹은 3~4중으로 설치할 경우 이보다 높아진다.

나 햇빛의 투과성이 좋은 자재를 피복한 시설

피복자재는 시설의 광선 투과성에 직접적인 영향을 미친다. 우선적으로 햇빛의 투과율과 보온성이 높고 변색이 잘 되지 않는 피복자재이어야 하며, 계면활성제로 방적(防滴) 처리가 되고 먼지가 잘 달라붙지 않는 방진(防塵)처리가 된 것을 이용하는 것이 좋다.

다 광선 투과율이 높은 시설구조 및 설치방향

피복자재의 광선 투과율은 입사각이 30~60°에서 감소하기 시작하여 60~90°에서 급격히 감소한다. 우리나라의 비닐하우스는 대부분 단동형이다.

단동하우스는 남북방향보다 동서방향이 전체 투광량은 많으나 입사각의 차이에 의해 시설 내 남쪽과 북쪽 간의 기용편차가 있다. 동서동은 또한 북위가 높을수록 투광량의 차이가 커진다.

연동하우스에서는 측정시기에 따라 다를 수 있으나 곡간부 골조 그림자의 영향으로 동서동보다 남북동이 유리하다. 그리고 남북동은 동서동보다 토지이용률이 높다.

라 방열이 적은 시설

방열비(放熱比)는 하우스의 바닥면적(축열부)에 대한 표면적(방열부)의 비율로서 보온비(保溫比)와 반대의 개념이다. 같은 바닥면적에서는 시설물의 표면적이 작을수록 보온에 유리하다. 겨울철 재배에서 난방비와 밀접한 관계가 있는 방열비는 시설면적이 커짐에 따라 감소한다.

일반적으로 시설면적이 10a(300평)일 때 시설의 길이와 폭이 비슷하게 증가한 연동시설일 경우 방열비가 1.4 정도가 되는데 이 이상의 시설면적에서는 방열비의 감소가 극히 완만하다.

마 보온이 잘되는 시설

최근의 원예작물의 재배시설은 2중으로 고정피복을 하여 하우스 내부에 보온성이 우수한 보온커튼을 다층 처리하거나 하우스 외면에 두꺼운 보온덮개를 피복하는 등 보온력을 향상시키려는 여러 가지 수단들이 이용되고 있다. 다중 피복하거나 보온커튼을 여러 층 처리하면 보온력은 높아지나 햇빛투과율이 떨어지므로 재배하는 작물의 광선 요구량이나 시설의 구조 등을 잘 고려하여 적절한 피복방법을 선택해야 한다.

바 안전하고 내구성이 있는 시설

강한 바람이나 적설에 견디는 시설구조이어야 하므로 시공 시 그 지역의 최대풍속이나 적설량을 고려해야 한다. 안전성이 우려되는 지역에는 일정한 간격으로 굵은 파이프를 배치하고 보조골재를 추가적으로 설치해야 한다. 일반적으로 하우스의 서까래는 지름이 22~25mm인 것을 주로 이용하나 강풍이나 적설이 우려되는 지역에는 설치간격을 좁게 하거나 32mm 서까래를 2~3m 간격으로 보관 설치하는 것이 안전하다.

사 시설 내 환경조절이 가능한 시설

최소한의 환경조절장치 즉 환기창이나 가온, 관수 및 관비 장치가 구비되어야 재배노력을 절감하고 작물재배에 적합한 환경을 조성해 줄 수 있다. 일반적으로 온도조절에는 보온커튼·난방기·환기창·냉방시설 등이, 광선조절에는 차광커튼·인공광 등이, 탄산가스조절에는 탄산가스 발생기·환기장치 등이, 습도조절에는 관수시설·제습 및 가습장치가 필요하다. 이러한 장치들은 재배하는 작물의 종류나 시기, 시설의 구조 및 경제성 등을 고려하여 설치되어야 한다.

03 피복재의
구비조건과 선택기준

Growing oriental melon

원예작물 재배용 시설의 피복재는 크게 외면피복용 자재, 보온용 피복재, 차광용 피복재 및 보광·반사용 피복재로 구분된다. 이 자재의 종류와 특성에 따라 시설대의 광, 온도, 습도 등의 환경과 작업성이 크게 달라진다. 피복재의 구비조건과 물리적 특성 및 선택기준을 살펴보면 다음과 같다.

가 피복재의 구비조건

(1) 외피복재

외피복재가 구비해야 할 주요 특성으로는 ① 광선투과율이 높고 피복 후 시간이 경과됨에 따라 변하지 않고 가능한 한 오래 유지되어야 한다. ② 장파장(열선)의 투과율이 낮아야 보온성이 좋다. ③ 투과되는 광선이 산광(散光)이 되는 것이 좋고 생육에 유효한 파장대의 광선이 차단되지 말아야 한다. ④ 인장강도가 크고 잘 찢어지지 않으며 충격에 견디는 힘이 강하고 오래 사용할 수 있어야 한다. ⑤ 먼지가 잘 묻지 않으며 물방울이 맺히지 않고 흘러내려야 한다. ⑥ 작업성이 좋아야 하고 가격이 저렴하여야 한다.

(2) 보온피복재

보온피복재가 갖추어야 할 주요 특성으로는 ① 외피복 내부에 설치되는 보온커튼재는 장파의 복사투과율이 낮거나 반사율이 높아야 한다. ② 덮개용 보온피복재는 열전도율이 낮고 일정한 두께가 있어야 한다. ③ 광선투과율이 높은 것이 좋고 개폐가 쉬운 것이 좋다. ④ 하우스 내의 안개발생과 과습방지를 위해 투습성이 높은 것이 좋다. ⑤ 설치 및 철거, 보수가 용이하고 장치화가 가능한 것이면 좋다.

ㄴ 피복재의 물리적 특성과 선택기준

(1) 광학적 특성

태양광선은 그 파장이 자외선(380nm 이하), 가시광선(380~780nm) 및 적외선(780nm 이상)으로 구성되어 있으며, 피복재를 투과하면서 동시에 반사, 흡수되기 때문에 광투과량이 감소하게 된다. 피복재의 파장별 투과특성은 하우스의 성능을 결정하는 중요한 요인이 된다. 광합성 유효파장(400~700nm)은 작물의 생육과 밀접한 관계가 있으므로 이 파장대의 투과율이 높은 것이 광합성 면에서 유리한 피복재라 할 수 있다.

자외선은 파장이 가시광선보다 짧고 에너지가 강하여 물질의 변화를 촉진하므로 작물의 생육을 저해하거나 억제하는 작용을 한다. 300nm 이하의 자외선은 단백질과 핵산 생성에 장해를 일으킬 정도로 에너지가 강하나 대기권의 오존층에서 대부분 흡수되어 지표까지는 거의 도달하지 못한다. 그러나 300nm 이상의 자외선은 안토시안 색소형성에 관여하며, 잎면적의 축소와 세포의 구조를 변화시켜 보다 치밀하고 단단하게 해 주는 역할을 한다.

자외선을 차단하는 피복재는 특정 균류의 생장을 억제하거나 피복재의 내구성을 증대시키는 장점을 가지고 있으나 꿀벌의 활동을 다소 둔화시키고 가지와 같은 작물의 색소발현을 억제하는 등의 단점을 가지고 있으므로 작물의 종류나 용도에 따라 적절히 선택해야 한다.

따라서 작물을 재배하는 시설은 광선 투과율이 높아야 하므로 외피복자재는 우선적으로 광학적 특성이 좋아야 한다. 광학적 특성이 우수한 피복재는 첫째, 광선의 단파 복사 투과율이 높아야 하다. 둘째, 장기간 사용해도 광선투과율의 변화가 적어야 한다. 셋째, 투과된 광선 중 일부는 산란광(散亂光)이 되는 것이 좋다. 넷째, 열선으로 변한 장파복사가 적어야 한다.

(2) 기계적 특성

외피복재에 영향을 주는 외부 기상요인은 광선, 비, 바람, 눈, 우박 등이 있다. 피복재는 이들 기상요인에 견딜 수 있도록 인장강도가 크고 잘 찢어지지 않으며 충격에 강해야 하고, 저온이나 고온에 의한 경화나 연화가 쉽게 되지 않아야 한다. 일반적으로 피복재의 두께가 두꺼울수록 연질필름보다 경질필름이, 경질필름보다 경질판이 이러한 기계적 강도나 물리성이 우수하며 내구연한이 길다.

피복재는 햇빛에 노출되면 특히 자외선에 의해 물리적 특성이 변하므로 최근에는 자외선 안정제 등을 제조과정에 혼입하여 물리성을 개선한 자재들이 생산되고 있다. 또한 여러 가지 수지를 다중으로 접합시켜 물리적 특성도 좋게 하면서 광학적 특성도 양호한 피복재를 생산하기도 한다.

(3) 방적성(防滴性, 물방울 맺힘 방지)

방적성이란 피복재의 표면에 응결, 부착한 물이 물방울 상태로 되지 않고 얇은 막으로 되어 흘러내리는 성질을 말하는데 물에 친화성을 가진 자재에서는 수분이 물방울이 아닌 얇은 막으로 된다. 유리는 친수성이지만 일반 플라스틱 피복재는 비친수성(소수성)이어서 계면활성제를 처리하여 친수성을 가지게 하여 방적성을 높인다.

필름표면에 시설 내의 수증기가 응결되어 물방울이 맺히면 광선투과율이 떨어지게 되고 맺힌 물방울이 떨어지게 되면 병균발생의 원인이 되므로 피복재 표면에 물방울이 커지지 않고 표면에서 퍼져버리는 방적처리를 할 필요가 있다. 이를 위해 친수성인 계면활성제를 도포하면 물방울이 널리 분산된다. 특히 폴리에틸렌은 탄소와 수소로 이루어진 집적성 고분자이며 물방울은 산소와 수소로 이루어진 극성물질이다.

폴리에틸렌은 표면장력이 작기 때문에 표면의 수증기가 응축할 경우 물

응집력에 의해 물방울이 커지는데 이를 방지하기 위해서 방적제(防滴劑)를 처리한다. 아직까지 완벽한 방적성을 가진 피복재는 없으며, 계면활성제의 불안정성 때문에 지속기간이 짧아 필름제조과정에서 표면처리를 하고 있다.

(4) 방진성(防塵性, 먼지 부착방지)

가소제를 쓰는 염화비닐의 경우 바람에 의해 피복재가 움직이면 비닐표면에 정전기가 발생된다. 필름표면은 음전기를 띠므로 주변의 양전기를 띤 먼지를 쉽게 흡착하게 되어 필름표면에 먼지가 끼게 되며, 피복 후 시간이 경과됨에 따라 광선투과율도 떨어지게 된다.

방진성이란 피복재 표면에서의 정전기를 아크릴계의 수지를 도포함으로써 이를 매몰시켜 먼지가 부착되는 것을 억제하는 특성을 부여하는 것이다.

04 피복재의 종류와 주요 특성

Growing oriental melon

우리나라에서는 PE를 중심으로 한 연질필름이 시설피복재로 주로 이용되고 있으며 그중에 폴리에틸렌필름(PE)이 전체의 82%를 차지한다. 다음으로는 EVA가 약 9%, PVC가 약 5%이며 그 외에 유리, 경질필름인 PET와 불소필름, 경질판인 PC가 일부 이용되고 있다.

표16 채소재배시설 외피복자재별 설치면적(2011)

구분	계	PE	EVA	PVC	PO	직조필름	유리	경질필름	경질판	기타
면적 (ha)	49,537	40,896	4,299	2,388	299	76	255	1,001	121	202
비율 (%)	(100)	(82.5)	(8.7)	(4.8)	(0.6)	(0.1)	(0.5)	(2.0)	(0.2)	(0.4)

※ 자료 : 농림부(2012)

가 외피복재

(1) 유리

온실의 피복재로 사용하는 유리에는 보통판유리, 형판유리 및 열선흡수유리가 있으나 두께 3~4mm의 보통판유리가 온실피복재로 가장 많이 이용된다.

투명유리와 형판유리는 파장 330~380nm의 자외선을 80~90% 투과시키나 310nm 이하의 자외선은 투과시키지 못한다.

열선흡수유리는 350~380nm의 자외선을 40~70% 투과시키나 330nm 이하는 투과시키지 못하고, 투명유리는 가시광선 투과율이 90%이고 형판유리는 이보다 약간 낮다. 이들 유리는 4,000nm까지의 근적외선은 투과시키지만 이보다 긴 파장은 투과하지 못한다.

표17 **주요 피복재의 물리적 성질**

구 분	두께(mm)	광선 투과율 (%)	기계적 강도(kg/㎟)			열전도율 (kcal/㎝/ h/℃)
			인장강도	압축강도	굽힘강도	
유리	3.0	91	3.5~8.5	60~120	4.5~8.5	0.68
FRP	0.7	90	12~14	13~18	15~20	0.09
FRA	1.0	90	9~11	10	14~16	0.09
PVC	0.1	90	2.0~5.0	-	-	0.14
PE	0.1	92	2.0	-	-	0.28
EVA	0.1	88	-	-	-	0.28

※ 자료 : 시설원예학(1995, 향문사)

(2) 경질판

경질판은 두께 0.2mm 이상의 플라스틱판으로 FRP, FRA, MMA, PC, PET 등이 있으며 시설피복재로서 유리에 버금가는 우수한 특성을 가지고 있다.

가. FRP판(유리섬유 강화 폴리에스테르판)

불포화폴리에스테르 수지에 유리섬유로 보강시킨 복합재로서 충격에 강하고 굽힘강도도 있으며 열수축도 없다. 이전의 FRP판은 피복 후 시간이 경과됨에 따라 황변하였지만 최근에는 필름표면을 코팅처리하여 불화비닐필름을 얇은 층의 판으로 제조함으로써 열화나 황화현상을 제거하였다. 이 판은 수지가 마멸됨에 따라 유리섬유가 분출되어 먼지가 쉽게 부착되고 광선투과율이 낮아진다. 수명은 8~10년으로 오랫동안 사용할 수 있으나 가격이 비싼 편이고 자외선 투과율이 낮다.

나. FRA판(유리섬유 강화 아크릴판)

아크릴수지의 유리섬유를 샌드위치 모양으로 넣어 가공한 것으로, 아크릴수지와 유리섬유가 벗겨짐에 따라 백화(白化)하는 결함이 있으나 내후성(耐候性, 자재를 옥외조건하에서 광, 열, 바람, 비 등에 노출했을 경우 견디는 성질)이 뛰어나고 광투과율이 높은 편이다. 또한 산광성 피복재로서 자외선 투과율도 FRP에 비해 높은 편이다.

다. MMA판(아크릴수지판)

유리섬유를 첨가하지 않은 100%의 아크릴수지로 된 경질판이다. 이 판은 유리와 유사한 투과성을 지니고 있으며 10년 이상 사용해도 광투과율이 크게 떨어지지 않는다. 300nm 이하의 자외선은 투과율이 높고 2,500nm 이상의 적외선은 거의 투과시키지 않으므로 보온성도 높다. 그러나 내충격성이 FRP나 FRA에 비해 떨어지고 열에 의한 팽창과 수축이 크다.

라. PC판(폴리카보네이트수지판)

강도가 높아 내충격성이 플라스틱 중에서 가장 뛰어나다. MMA판과 마찬가지로 복층판으로 만들어져 단열성을 높임으로써 에너지절감형으로 개발되어 이용되고 있다.

(3) 경질필름

경질필름은 두께가 0.1~0.2mm로서 가소제를 함유하지 않은 염화비닐, 폴리에스테르, 불소필름 등이 있다.

가. 경질염화비닐필름

분광투과율은 자외선 쪽의 투과율이 약간 낮은 편이고 3,000nm 이상의 장파장 투과율은 폴리에스테르필름보다는 높은 편이다. 내충격성은 큰 편이나 인열강도가 낮으며 한 번 피복하면 3년 정도 사용할 수 있다.

나. 경질폴리에스테르필름(PET)

광선투과율은 90% 전후로 높은 편이고 장파장이 투과되지 않으므로 보온성이 높다. 수명이 길어 5년 이상 사용이 가능하며 인열강도가 보강되어 있고 방적성도 좋은 편이다. 이 필름에는 자외선 투과형과 차단형이 있는데 차단형은 내구연한을 7~8년으로 연장시킬 수 있다.

다. 불소필름(ETFE)

이 필름은 국내에서는 생산되지 않고 있으며 일본에서 주로 사용하고 있다. 광투과율이 약 93%로 매우 높고 산란광의 비율이 3% 정도로 낮아서 투명성이 매우 우수하다. 자외선부터 적외선에 이르기까지의 모든 파장의 투과율이 높고 특히 자외선 투과율이 다른 필름에 비해 높다.

이 필름의 큰 특징은 내구성이 두께 0.06mm에서 10년, 0.1mm에서 15년 정도로 길다. 피복 후 시간이 경과해도 광선투과율의 저하가 적고 방진성도 우수하나 방적성은 방적제를 2~3년마다 처리하여 사용하는 것이 좋다. 또한 소각 시 유독가스가 발생하는 문제점이 있어 사용 후에는 제조회사에서 전량 수거하도록 되어 있다.

(4) 연질필름

가. 폴리에틸렌필름(polyethylene, PE)

PE필름은 다른 연질필름보다 자외선과 적외선을 많이 투과시키는데, 특히 장파장을 많이 투과시키므로 보온성은 떨어지지만 가시광선 투과율은 비슷하다. 일부 PE필름은 내후성을 증가시키기 위해 자외선 흡수제를 안정제로 사용하지만 PVC필름보다는 내후성이 떨어진다. 그러나 PE필름은 다른 필름보다 가격이 싸기 때문에 현재까지 우리나라에서 가장 많이 사용되고 있다. 주로 하우스의 외피복, 커튼, 멀칭 및 터널 피복재료로 이용된다.

나. 초산비닐필름(ethylene vinyl acetate, EVA)

EVA필름은 PE필름보다 보온성·내후성·방적성이 좋아 최근 하우스의 외피복, 커튼 및 터널피복용으로 점차 그 이용면적이 증가하고 있다. 또한 항장력과 신장력이 크고, 겨울에도 잘 굳어지지 않고 여름에는 흐물대지 않는 특성이 있다.

또한 먼지가 적게 부착되어 덜 더러워지고 비료와 약품에 대한 내성도 강한 편이며, 가스발생 및 독성이 없는 편이다. 내구성은 PE와 PVC의 중간 정도이고 가격은 PE보다는 비싸고 PVC보다는 싸다.

다. 염화비닐필름(polyvinyl chloride, PVC)

PVC필름은 연질필름 중 보온성이 가장 높은 필름으로 장파(5,000~30,000nm)투과율과 열전도율이 낮기 때문에 결과적으로 보온성이 높다. 가시광선의 투과율은 다른 연질필름과 별 차이가 없으나 내후성을 증가시키기 위해 자외선 흡수제를 함유시킨 PVC 필름은 자외선이 투과되지 않으므로 주의해야 한다.

물성 면에서는 내후성과 방적성이 좋고 내한성, 인열강도, 충격강도도 양호하여 일본 등 외국에서 하우스 외피복재로 가장 많이 이용하고 있다. 반면에 이 필름은 가소제가 용출되어 먼지가 잘 달라붙기 때문에 사용 중 광선투과율이 낮아지고, 필름끼리 서로 달라붙는 성질이 있으며 값이 비싼 단점이 있다.

표18 연질필름의 물리적 특성

구 분		인장강도(kg/㎟)	인열강도(kg/cm)	신장률 (%)	광투과율(%)
PE필름	0.05mm	0.51	101.0	45.0	89.9~92.1
	0.06	0.63	100.38	46.0	89.0~91.3
	0.10	0.93	95.34	32.5	88.5~90.7
저밀도PE필름	0.05	0.48	121.74	28.0	9.9~91.9
	0.06	0.67	101.35	28.7	89.4~91.4
	0.10	1.02	101.35	28.58	87.0~90.1
EVA필름	0.06	0.41	89.39	28.5	88.1~92.4
	0.07	0.66	80.41	44.0	87.2~91.4
	0.10	0.64	84.70	45.5	84.3~91.1

※ 자료 : 농기계연

(1995)

또한 소각 시 독성가스나 대기오염 원인물질을 많이 발생시키는 필름이기도 하다.

라. 폴리오레핀 필름 (Polyolefin film, PO)

폴리오레핀 필름(Polyolefin film)은 PO계인 LDPE(Low Density Polyethylene Film, 저밀도 폴리에틸렌), M-LLDPE(Metallocene Linear Low Density Polyethylene Film, 메타로센 선형저밀도 폴리에틸렌), EVA(Ethylene Vinyl Acetate, 에틸렌 비닐 아세테이트)를 중합 반응시켜 제조하며, 광투과율이 매우 높고 인장력이 매우 뛰어나 5년 이상 장기간 사용이 가능하나 가격이 비싸다. 국내의 상당수의 농가가 장기성 필름으로 일본산 PO필름을 이용하고 있는 실정이며, 국산 PO필름은 최근 양산되어 농가보급이 시작되고 있는 단계이다.

마. 연질특수필름 (기능성필름)

국내 비닐하우스의 외피복재는 주로 PE(폴리에틸렌)를 중심으로 한 연질필름을 이용하고 있으며 그중 PE와 EVA(초산비닐)가 90% 이상을 차지한다. 이들 필름은 가격이 저렴하여 농가에 널리 보급되고 있으나 보온성, 방적성, 내구성 등이 떨어지고 해마다 교체해 주어야 하는 번거로움이 있다. 최근에는 이러한 단점을 보완·개선한 필름으로서 기능성 필름이라는 것이 개발되어 일부 농가에 보급되고 있다.

기능성필름이란 PE나 EVA 등의 기본소재에 좋은 특성을 가진 다른 수지(PVC 등)를 2~3층으로 넣어 성형화하고 거기다가 계면활성제, 자외선흡수제, 적외선흡수제, 보온재 및 기타 기능성 향상물질을 첨가하여 보온성이나 방적성, 내후성(열, 금속, 자외선 등에 견디는 성질) 등을 향상시킨 필름이라고 할 수 있다.

이러한 기능을 부여하기 위해 내후제로서 자외선흡수제나 HALS(산화억제제) 등을, 방적제로서 Sorbitan, Glycord, Polyglycerol 등의 지방산에스테르를 첨가하고 있다. 첨가제의 합성기술은 아직 낮은 수준이며 대부분 외국에서 수입하여 이용하고 있는 실정이다.

기능성필름은 특수필름이라고 불리기도 하며 삼중필름, 삼중EVA, 무농필름, 방적필름, 산광필름, 망사필름 등 여러 가지 이름으로 시판되고 있다.

○ 삼중필름 : 보온물질을 중간층에 넣고 필름 양면에는 내구성 및 방적성층을 형성시킨 3층 구조로 보온성을 향상시킨 필름.

○ 삼중EVA : EVA필름을 특수 PE 코팅 처리하여 광선투과율을 오래도록 유지시키므로 많은 광선을 필요로 하는 작물에 이용토록 개발된 필름.

○ 무농필름 : 필름에 특수 첨가제를 처리하여 자외선파장 일부분을 광합성에 유리한 파장으로 전환시켜 작물의 조기 다수확을 목적으로 한 필름.

○ 장기성필름 : 방적제를 처리함으로써 4년 이상 사용 가능하고 방적성이 유지되는 장기성 피복재임.

○ 방진필름 : 먼지, 분진 등이 잘 부착되지 않고 부착되어도 비에 잘 씻기도록 필름의 표면에 특수코팅 처리를 한 필름.

○ 방적필름 : 피복재 표면에 응결, 부착한 물이 물방울 상태로 되지 않고 얇은 막으로 되어 흘러내리게 개발된 필름.

○ 산광필름 : 필름에 광을 굴절시키는 첨가제 등을 넣어 광을 산란시킴으로써 작물체 군락내부로 광이 잘 유입되도록 개발한 필름.

○ 방무필름 : 계면활성제를 넣어 필름내부 표면에 응결된 물방울이 흘러내려 안개형태로 떠다니는 수분을 제거할 목적으로 개발된 필름.

○ 망사필름 : 폴리에스터 그물을 필름 사이에 넣어 하우스의 측면 권취부위 등 잘 찢어지거나 장력을 요하는 부위에 피복토록 개발된 필름.

표19 **주요 기능성필름의 광투과율 변화('97~'99, 부산원시)**

구 분	EVA(0.08mm)	방무(0.1)	불소(0.06)	산광(0.15)	방적(0.15)	PET(0.5)
피복 직후	86.1	85.5	94.5	72.4	84.5	83.3
30개월경과 후	70.2	73.5	87.3	63.1	78.2	75.4

※ 광투과율은 가시광선(400~700nm) 영역의 투과율임

나 **보온 피복재**

(1) 연질필름 (PVC, PE, EVA)

보편적으로 가장 많이 사용되고 있는 PE는 가격이 싸고 작업성이 좋으나 보온성과 내구성이 떨어진다. 반면에 EVA나 PVC필름은 보온성과 내구성이 PE보다 좋아 커튼이나 터널피복 재료로 이용도가 높으나 가격이 비싸다.

(2) 발포 PE시트

여러 개의 작은 기포가 독립적인 발포구조를 이루고 있어 단열효과가 좋다. 고밀도 발포 PE시트는 열전도율이 0.031㎉/㎡h℃ 정도로서 PE필름에 비해 20% 정도의 열복사를 막을 수 있다. 또한 작은 기포구조로 되어있기 때문에 수지는 투명하지만 산란광의 형태로 투과한다.

따라서 실제로 광선투과율 면에서 직사광선의 투과량은 적지만 산란광이 많아 전체적인 투과율은 낮지 않다. 섬피와는 달리 광선투과율이 높고 가벼워 개폐작업이 쉬우므로 하우스 내 터널 보온피복용으로 적당하다.

표20 **비닐하우스의 보온피복방법에 따른 방열계수 및 열 절감률**

보온피복방법	피복자재	난방부하계수(㎉/㎡h℃)	열절감률(%)
외피복 1중		5.7	
2중 고정피복	유리, PVC필름	3.4	35
	PE필름	3.5	30
1층 커튼	PE필름	4.0	30
	PVC필름	4.0	35
	부직포	4.3	25
	알루미늄혼입필름	3.1	45
	알루미늄증착필름	2.9	50
2층 커튼	PE필름 2층	3.1	45
	PE필름+알루미늄필름	2.0	60
외면피복	섬피	2.3	60

※ 자료 : 시설원예학(1995, 향문사)

표21 | **발포 PE시트의 보온효과**

구분	외기온(℃)	하우스 내(℃)		하우스 터널 내(℃)	
		기온	보온효과	기온	보온효과
알루미늄시트부착발포PE(2mm)	-2.8	7.3	10.0	13.6	16.4
PE필름부착발포PE(2mm)		3.9	6.7	9.6	12.4
보온매트(2mm)		4.4	7.2	11.1	13.9
섬피		6.0	8.8	12.6	15.4

※ 자료 : 원시 (1983)

(3) 부직포

부직포에는 단섬유와 장섬유 부직포가 있다. 이 중 폴리에스터(Polyester)의 장섬유로 만들어진 부직포가 주로 커튼 자재로 쓰이며 단섬유 부직포는 두껍게 제조하여 보온피복에 주로 이용되고 있다.

부직포에는 주로 폴리프로필렌과 폴리에스터가 주요 소재로 이용되고 있다. 폴리프로필렌은 폴리에스터에 비해 신장률, 보온성, 광투과성이 우수하고 폴리에스터는 인장 및 차광성이 좋아 시설의 유형이나 작물특성에 따라 선택하는 것이 좋다.

부직포의 광선투과율은 연질필름보다 낮고 보온성은 같은 두께의 연질필름보다 약간 떨어지나 두껍게 제조함으로써 보온력을 높이고 있다. 특히 부직포는 투습성이 있으므로 습도를 낮추는 역할을 하여 하우스 내의 병 발생을 억제할 수 있다.

최근에는 부직포에 알루미늄을 증착시켜 보온력을 높인 자재가 생산되고 있는데 이런 자재의 보온력은 반사필름과 비슷하나 투습성은 없다. 부직포는 주로 하우스 내의 커튼과 차광자재로 이용되며, 일부는 터널피복에도 사용된다.

표22 **부직포의 소재 및 두께별 물리적 특성**

구분		인장하중(kg)	신장률 (%)	보온율(%)	광투과율(%)
폴리프로필렌	0.30mm	4.05	38.7	33.8	80.8~82.8
	0.40	5.34	28.9	35.0	66.9~68.8
	0.50	9.12	18.0	41.1	59.6~61.5
폴리에스터	0.25mm	8.05	3.6	23.1	54.7~63.0
	0.30	10.44	4.5	26.7	41.1~48.4
	0.40	12.40	4.4	33.9	35.7~44.5

※ 자료 : 농기계연 (1995)

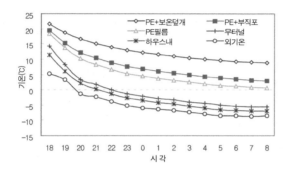

〈그림 1〉 보온재에 따른 보온력 비교('98, 부산원시)

* PE+보온덮개, PE+부직포, PE필름은 하우스 내 터널에 피복

표23 **보온커튼 재료별 보온성**

구분	광선투과율(%)	방열계수(kcal/㎠/h/℃)	방열계수의PE대비(%)	투습성
PE(0.07mm)	92.8	4.83	100	×
PVC(0.1mm)	92.8	3.77	78.0	×
반사필름(0.07mm)	0.16	3.12	64.6	×
알루미늄증착부직포	12.8	3.19	66.6	×
부직포(0.15mm)	53.7	3.85	79.7	○

※ 자료 : 시설원예학(1995, 향문사)

(4) 반사필름

　　근래에 와서 보온력이 높으면서 생력화가 가능한 자재로 만든 반사필름이 현대화 시설을 한 농가를 중심으로 이용면적이 증가되고 있다. 반사필름

에는 알루미늄 증착필름, 알루미늄 혼합필름, 3층 구조 은색필름 등이 많이 생산되고 있다.

알루미늄 증착필름은 폴리에스터(Polyester)와 같이 비교적 단단한 수지에 알루미늄을 증착시킨 2층 구조의 필름이다. 알루미늄 혼합필름은 알루미늄 분말을 PE나 PVC 수지 전체에 혼합시켜 만든 1층 구조의 필름이다. 그리고 3층 구조 은색필름은 양쪽이 PE로 되어 있고 알루미늄이 중간에 들어간 3층 구조의 필름이다.

(5) 다겹보온재

남부지역의 시설고추 재배농가를 중심으로 단동하우스의 외면피복재로 과거의 섬피와 거적 대신 주로 이용되다가 2003년부터 다겹보온커튼 및 자동개폐장치가 개발됨에 따라 온실내부커튼 등으로 설치가 크게 증가하고 있다. 다겹보온재는 대체로 화학솜(6~12온스), 폴리폼, 부직포, PE필름, 폴리프로필렌(polypropylene), 망사 등의 재료를 조합하여 총 5~9겹으로 이루어져 있다.

다겹보온재는 주로 보온커튼장치가 없는 하우스에 주로 이용되나 시설 내부에 보온커튼을 설치할 경우 보온력을 더욱 높일 수 있다. 이것은 설치비용이 다소 부담이 되나 10년 정도 사용할 수 있으며 난방비를 크게 줄일 수 있는 보온재라고 할 수 있다.

표24 다겹보온재의 보온효과 ('99~'00, 부산원시)

보온피복방법	하우스 내 야간기온(℃)	연료소모지수
EVA 커튼	6.8	100
다겹보온재 외피복	9.1	75
다겹보온재 외피복	8.6	100
다겹보온재 + 보온커튼(미니마트)	10.8	77

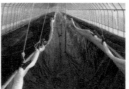

〈그림 2〉 다겹보온재의 2중 하우스 보온피복(좌)과 터널 보온피복(우)

제 VI 장
좋은 모종 기르기

01 육묘 준비

Growing oriental melon

가 육묘의 필요성

참외는 이식에 대한 적응력이 낮아 이식재배보다는 직파재배가 뿌리의 발육에 좋고 생육도 왕성하다. 그러나 직파가 가능한 시기는 참외 가격이 낮기 때문에 수확기를 앞당기기 위해 시설 내에서의 육묘를 필요로 한다. 참외 뿌리는 회복력이 약하므로 아주심기할 때 뿌리가 상하지 않고 활착이 잘되게 하기 위해 주로 포트를 이용해 육묘를 한다.

나 육묘상토

모판흙의 필수적인 조건은 통기성과 보수성이 좋으면서 적당한 무기양분을 가지고 있고 병원균이나 선충의 오염이 없어야 한다. 일부 주산지의 연작지에서는 토양 병원균이나 뿌리혹선충의 피해가 증가하고 있는데 육묘상에서 병원균에 감염되면 치명적이므로 상토는 물론 육묘장소, 육묘자재의 관리에 신중을 기해야 한다.

관수한 물이 포트 위에 고여 있게 되면 통기성이 나빠져 뿌리가 산소를 찾아서 포트 주변을 감듯이 둥글게 엉키며 포트 가운데에는 뿌리가 없다.

반대로 모래가 많은 모판흙은 통기성은 좋더라도 수분의 보유력이 적어 건조하기 쉽고 생육이 나빠지며 모종은 쉽게 경화되어 아주심은 후에도 발육이 불량하게 된다.

따라서 이상적인 모판흙은 유기물과 흙이 절반씩 섞여 있는 것이 좋다. 사용하는 유기물은 썩은 낙엽이 가장 좋은데 왕겨를 썩혀서 사용하거나 왕겨를 태운 훈탄도 효과가 좋다. 저온기 육묘 시에는 밀폐를 하기 때문에 가스장해를 입기 쉬우므로 미숙 유기물이나 계분, 유박 등을 사용할 때는 특히 주의한다.

모판흙은 사용하기 최소한 6개월 전부터 준비하는 것이 원칙이다. 병원균의 오염이 없는 밭의 심토나 논흙 또는 산흙을 준비하고 퇴비와 1:1의 용적 비율로 한 겹씩 쌓는데 비료는 1㎡당 성분량으로 질소100g, 인산 1,000g, 칼리 200g, 고토석회 200g을 골고루 뿌려주고 사용하기까지 2~3회 뒤집어서 흙, 퇴비, 비료가 고르게 섞이도록 한다.

상토 조제 시 석회를 너무 많이 넣으면 질소, 철분 및 마그네슘을 흡수하지 못하여 모종의 새순이 노랗게 되어 잘 자라지 못하는 수가 있으니 주의해야한다.

다 육묘상 설치

육묘상

저온기 육묘에서 가장 중요한 것은 용도관리이므로 관리가 쉬운 전열육묘상을 설치한다. 참외는 고온성 작물로 고온에서 발육이 좋으므로 모판의 온도를 25~30℃ 정도 확보해야 된다.

저온기에는 외부기온이 낮아 환기할 기회가 적기 때문에 육묘상 내부의 습도가 높아져 병이 발생하기 쉬운데 상틀과 피복비닐 사이에 간격을 두어 육묘상 비닐에 맺힌 물방울이 모종 위에 떨어지지 않게 하고, 육묘상 터널을 덮는 비닐도 물방울이 덜 맺히는 무적성 비닐을 사용한다.

육묘상의 환기요령은 온도가 급변하지 않도록 하는 것인데 육묘상 외부와의 온도 차이를 보아가며 조금씩 비닐을 걷어 환기시키도록 한다. 그리고 모판흙, 온도와 더불어 햇빛은 모종의 소질을 좌우하는 가장 중요한 요소이므로 햇빛이 잘 드는 곳에 모판을 설치해야 함은 말할 필요도 없다.

모판은 파종상과 접목 후 육묘상으로 나누어 생각해야 한다. 6,000본을 육묘하는 경우 모종자리는 폭 180cm, 길이 30m로 하여 줄을 쳐 놓고 10cm 정도로 흙을 파내고 바닥을 편평하게 고른다. 땅에서 올라오는 차가운 기운을 막기 위해 바닥에 비닐을 깔고 그 위에 5cm 두께의 스티로폼 판을 깐다.

육묘상 주변에는 사방으로 높이 45cm 정도의 스티로폼 벽을 만들고 스티로폼 판 위에는 5cm 두께로 거름기가 없는 깨끗한 흙이나 모래를 넣어 고른 후 전열선을 설치한다. 전열선 위에는 다시 모래를 5cm 두께로 깔아 고른 후 전열선을 덮고 관수를 하여 온도전달이 잘되도록 축축하게 만든다.

파종상 자리는 30m 중 8~9m로 하고, 나머지는 접목 후 육묘상 자리로 한다. 포트자리와 모판자리는 약간의 간격을 두고 비닐로 칸을 막는다.

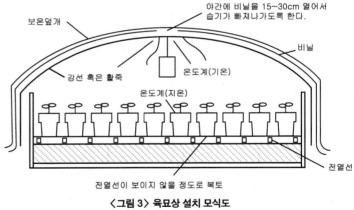

〈그림 3〉 육묘상 설치 모식도

육묘상 위에는 길이 240~300cm짜리 강선을 45cm 간격으로 꽂아 터널을 만들고 그 위에 무적성 비닐(0.05mm x 180cm)을 씌우며 야간에는 보온을 위해 부직포를 덮는다. 부직포는 지역에 따라 8온스, 12온스 혹은 16온스를 쓴다. 만약 가스피해 발생의 우려가 있다면 비닐을 사용치 말고 부직포만 덮는다.

온도조절기는 제품에 따라서 정확도가 다르므로 사용 전에 감응부를 더운 물에 온도계와 같이 넣어 점검하도록 한다.

02 파종

Growing oriental melon

가 파종기 결정

아주심기에 적당한 모종의 크기는 본잎 4~5매에서 순지르기를 하여 아들줄기가 발생할 무렵인데 겨울철 파종의 경우 45~50일 정도 육묘하면 아주심기에 알맞은 모종이 된다. 저온에는 파종 후 아주심을 때까지 일수가 길어지고, 고온기에는 짧아진다.

나 참외 파종

파종량은 아주심기 할 모종수의 2배인데 발아 후 건강하고 균일한 모종을 골라 심는다. 종자는 파종하기 전에 불량종자를 선별하고 파종할 종자를 하루 동안 따뜻한 물에 침종한 후 파종하거나 어린뿌리가 약간 보일 정도로 싹을 틔워 파종한다. 씨앗은 소독하여 판매되므로 별도로 소독은 하지 않아도 된다.

5~7일	8~10일	12일 전후	15일 전후
참외파종	호박파종	접목	참외 배축절단	아주심기

〈그림 4〉 참외의 모기르기 일정(호접)

파종은 30×60cm 크기의 벼 육묘상자를 이용하여 관리하며 모판흙을 채워 넣고 줄뿌림하거나 흩어뿌림한다. 줄뿌림의 경우 줄간격은 5~6cm로 하여 5줄로 만들고, 씨앗간격은 2cm로 한 줄에 28알 정도 넣고, 깊이는 0.5~1cm쯤 되게 한다.

파종 후 흙 덮는 깊이는 종자두께의 3배 정도가 적당한데 깊으면 발아가 잘 안되거나 썩기 쉽고 얕으면 발아가 불균일하게 되고 껍질을 뒤집어쓰고 발아되는 것이 많으며 발아 후 쓰러지는 모종이 생긴다. 관수 후에는 신문지로 덮어서 습기를 유지하고 발아하기 시작하면 신문지를 벗겨서 햇빛을 받도록 해준다.

파종 후 3일경부터 발아가 시작되어 7~8일경에 떡잎이 완전히 전개되는데 싹이 트기 시작하면 충분히 햇빛을 받게 하여 모종이 웃자라지 않도록 해야 한다.

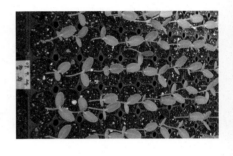

관수는 20℃ 정도의 미지근한 물로 수시로 하되 오후 늦게 관수하면 야간에 다습상태로 되어 입고병이 발생할 우려가 있으므로 오전 10시경에 관수하도록 한다. 공중습도가 높으면 웃자랄 우려가 있으므로 땅의 습도는 충분히 유지하고 공중습도는 높지 않도록 항상 환기에 유의해야 한다.

파종상의 온도는 발아까지 30℃ 정도로 유지하고 발아 후에는 낮 25℃, 밤 20℃로 유지 관리한다. 발아 후에 파종골 사이의 흙을 뾰족한 꼬챙이로 파 엎는 기분으로 깊이 찔러서 일구어 주면 뿌리부분에 공기가 공급되어 잔뿌리가 발달하게 된다. 모판에서는 흰가루병, 입고병, 탄저병, 진딧물 등이 발생하는 경우가 있으므로 이에 대한 대책도 세워두어야 한다.

다 대목 파종

맞접(호접)할 경우 대목의 파종은 참외의 떡잎이 전개할 시기가 적기인데, 대략 참외 파종 후 7일경이 된다.

파종상과 모판은 참외파종의 경우와 같이 전열온상과 벼 육묘판을 사용하고, 줄뿌림으로 하되 줄간격은 5~6cm 로 하여 5줄로 만들고, 씨앗 간격은 2.8cm로 한 줄에 20알을 넣으면 된다. 파종 깊이는 물을 주었을 때 종자가 드러나지 않을 정도로 대략 1.5~2cm 정도면 된다.

파종 후 20℃ 정도 되는 미지근한 물을 충분히 주고 수분의 증발을 막기 위해 신문지로 덮어둔다. 대목은 참외보다 생장이 강하여 웃자랄 위험이 크므로 참외보다 다소 낮은 온도로 관리하는 것이 좋다. 발아에는 25℃, 발아 후에는 낮 20~23℃, 밤 15~18℃로 유지한다.

대목 파종용 모판흙은 퇴비와 비료분이 거의 없어야 한다. 그 이유는 참외에 비해 대목호박의 초기 신장이 훨씬 빠르기 때문이다. 만일 대목의 자라는 속도가 너무 빠른 경우에는 파종상으로부터 꺼내어 냉해를 입지 않는 범위에서 저온에 두어 참외와 배축길이를 맞추도록 한다.

꽂이접(삽접)을 할 경우에는 모판에 파종하지 말고 육묘포트에 모판흙을 채워 넣고 1알씩 바로 파종하는 것이 접목 후 다시 이식할 필요가 없어 편리하다. 꽂이접의 경우에는 대목의 웃자람을 막기 위하여 대목을 참외보다 3~5일 정도 먼저 파종한다.

03 접목

Growing oriental melon

가 접목의 목적

첫째, 덩굴쪼김병(만할병)을 방지하기 위한 방법으로 접목을 한다. 참외를 연작하면 토양 전염성인 덩굴쪼김병이 많이 발생하는데, 호박은 박과작물이면 서도 만할병에 저항성을 가지므로 호박 중에 친화성이 있는 품종을 대목으로 접목함으로써 덩굴쪼김병을 회피할 수 있다.

둘째, 참외는 고온성 작물로서 저온기에는 뿌리가 잘 자라지 못하며 15℃ 이하의 지온에서는 생육이 아주 늦다. 그러나 호박은 비교적 저온에서도 뿌리 의 자람이 왕성하므로 호박에 접목하면 저온하에서 생육이 왕성해진다.

셋째, 참외는 가는 뿌리의 발달이 적어 비료를 잘 흡수하지 못한다. 그러나 호박은 뿌리의 발달이 왕성할 뿐만 아니라 양분흡수 능력이 강하여 지상부의 생육이 왕성하다.

근래에 많이 재배되고 있는 교배종 참외들은 착과성이 좋아 주당 착과수가 많은데 호박을 대목으로 하여 재배함으로써 과일에 충분한 양분을 공급할 수 있다. 그러나 접목재배의 경우 참외의 품질은 다소 떨어지는 경향이 있으므로 저온기재배가 아니거나 덩굴쪼김병의 발생염려가 없는 토양이라면 반드시 접목재배를 할 필요는 없다.

접목을 하여도 참외의 뿌리가 대목의 빈 구멍 부분으로 뻗어 내리거나 아주 심기를 너무 깊게 하여 참외에서 뿌리가 새로이 형성되는 경우에는 참외의 배축을 절단해 주지 않으면 접목효과를 기대할 수 없다.

나 접목 친화성과 대목 품종

(1) 접목 친화성

접목 친화성이란 대목과 접수를 접착하여 자라게 할 때 두 식물 모두 생육이 양호하고 수확까지 접수의 특성을 발휘하면 친화성이 있다고 한다.

호박류 중에는 참외와 접목이 전혀 안되는 품종이 있는가 하면, 접목이 되더라도 후기의 생육이 불량하여 참외 과실비대와 최성기에 줄기가 말라 죽는 경우가 있다. 이러한 현상을 접목 불친화성이라 한다. 일반적으로 참외, 멜론, 오이는 호박과 친화성이 있고 수박은 박 및 일부 호박에 친화성이 있다.

(2) 대목 품종의 특성과 선택

참외접목에 이용할 수 있는 대목용 호박품종은 신토좌, 홍토좌, 참대목, 평화친선, 철갑, 태양호박, 화초호박 등이 있으나 가장 많이 이용되고 있는 것은 신토좌 및 홍토좌 계통의 품종들이다.

참외 접목 시 대목의 종류에 따라서 참외에 나타나는 특성이 다르므로 재배환경과 목적에 따라 대목으로 사용할 호박품종의 선택이 중요하다. 참외 대목용 품종의 특성은 (표 25)와 같다.

표25 참외 대목종류별 생육, 과실 특성 및 수량 ('89, 영남대)

대목	건전주율(%)	당도(°Brix)	발효과율(%)	과일무게(g)	주당수량(kg)
자근묘	100.0	10.6	0	539	2.98
백국좌	86.7	10.6	16.7	610	3.48
No. 8	83.3	10.8	15.2	603	3.31
친교	96.7	10.4	16.7	595	2.94
Butter Bush	86.7	11.0	1.3	582	3.37
꽃호박	83.4	10.9	7.4	589	3.41
성주호박	100.0	10.8	10.1	582	3.23
Sweet Meat	66.7	10.7	13.9	586	3.45
Improved Hubbard	96.7	10.5	18.6	629	3.11
Zucchini A	86.7	11.3	0	581	3.11
Burpee Aucchini	66.7	12.2	0	648	2.98
Spooki	70.0	12.1	12.3	607	3.43
신토좌	100.0	10.5	29.0	604	3.44

가. 신토좌계통

신토좌호박은 동양계 호박과 서양계 호박 사이의 종간잡종으로 참외와 친화성이 강하고, 토양과 작형 등 적응범위가 넓은 강세대목이다. 만할병 등 토양전염성 병해에 강하고 급성시들음증 회피에 효과가 있다.

저온신장성과 더위에 견디는 힘과 흡비력이 강하여 수확기 폭을 길게 하므로 수량이 많이 나는 효과가 있어 수확기간이 긴 연장재배에서 특히 유리하다. 더위에 견디는 힘이 강하여 노지재배에서도 유리하다.

강세대목이기 때문에 질소질비료와 수분의 과다흡수로 인하여 과번무, 기형과, 발효과 발생, 당도저하 등의 문제를 일으킬 수 있으므로 질소질비료를 자근묘(自根置:제뿌리모)에 비해서 1/3 정도 줄여서 주어야한다. 주요품종으로는 신토좌, 장수토좌, 슈퍼신토좌, 특토좌, 참토좌, 칠성신토좌 등이 있다.

나. 홍토좌계통

홍토좌계통의 호박대목은 재래 꽃호박에서 분리하여 고정시킨 품종이며 참외 전용대목으로 친화성이 강하다. 배축이 신토좌보다 굵고 짧아 접목작업이 용이하며 떡잎이 작아 육묘 관리가 쉽다. 저온신장성과 더위에 견디는 힘이 신토좌계통의 대목보다 약하여 촉성재배에서는 저온장해가 나타나기 쉽다.

약세대목으로 세력이 약하여 암꽃 발생이 빠르고 착과가 용이하며 과피의 색깔이 진하며 성숙일수가 빠르다. 기형과 및 발효과의 발생이 적고 당도가 높아 참외 품질이 좋아진다. 착과성이 좋기 때문에 그대로 둘 경우 착과 과다가 되어 착과 후기에 급성시들음증이 발생할 염려가 있으므로 적과를 적절히 하여 뿌리의 부담을 덜어 주어야 한다. 세력이 약하므로 재배기간이 긴 장기(연장)재배에서는 적당치 않다. 주요 품종으로는 홍토좌, 황토좌, 금토좌 등이 있다.

다. 참대목

농촌진흥청에서 개발한 단호박 계통의 품종으로 세력은 홍토좌보다 강하고 신토좌보다는 약하다. 발효과 발생은 홍토좌보다 적으며 당도가 높고 색깔이 진하다. 기타 특성은 홍토좌와 유사하다.

다 접목방법

접목방법으로는 삽접, 호접, 합접 등이 있다. 삽접은 활착률이 60~70%이고, 호접은 활착률이 95% 이상으로 박과작물에 대부분 이용하고 있다.

최근 공정육묘장의 확대와 플러그묘에 대한 인식이 높아지면서 핀접법, 편엽합접법, 합접법의 방법으로 플러그 접목묘를 생산하고 있다.

핀접은 핀모양의 세라믹을 이용하여 대목 및 접수의 배축에 꽂아서 접목하는 방법으로 주로 토마토에 실용화되고 있으며, 편엽합접법은 대목의 떡잎을 1개 제거하면서 생장점부위의 배축과 접수의 배축을 경사지게 절단하여 튜브로 고정 접목하는 방법이다.

합접법은 대목의 떡잎과 생장점을 완전히 제거하고 대목 및 접수의 배축을 경사지게 절단하고 접합면이 밀착되도록 튜브로 고정하여 접목하는 방법이다. 참외에 주로 이용되는 접목방법은 호접법과 편엽합접법이다.

(1) 호접법

참외의 접목에서 가장 많이 사용하는 방법으로 참외를 먼저 파종하고 참외의 떡잎이 전개되어 펼쳐지는 시기(파종 후 5~7일후)에 대목을 파종한다.

대 목	생장점 제거	위에서 아래로 칼집
접수(아래에서 위로 칼집)	대목과 접수 연결	접목클립으로 고정

〈그림 5〉 호접 요령

접목은 대목을 파종한 후 8~10일경, 즉 대목이 발아하여 떡잎이 전개되는 시기에 실시한다. 접목장소는 그늘진 곳이나 직사광을 피하도록 차광망을 설치한다. 접목시의 준비물은 면도칼, 접목클립, 육묘포트, 차광망, 육묘 후 소형터널 등이다.

접목요령은 (그림 5)와 같이 대목과 접수를 동시에 뽑아서 대목의 생장점을 제거한 후 배축을 1/3~1/2 깊이로 위에서 아래로 6~8mm 정도 벤다. 접수의 배축은 아래에서 위로 1/2 정도의 깊이로 베어서 대목 및 접수의 절단면을 서로 끼워 밀착시켜 고정용 접목클립을 이용하여 접수가 클립의 안쪽에 오도록 하여 끼운다.

접목모종은 준비한 9~12cm의 비닐포트에 접수가 위로 가게 하여 비스듬하게 심고, 접목모종이 활착될 때까지는 물 줄 필요가 없으므로 육묘포트에는 미리 모판흙을 담고 접목 하루 전에 물을 충분히 준다.

이식 후 육묘용 터널에 넣어 비닐로 덮고 온도는 28~30℃ 정도, 상대습도는 80% 이상 되도록 유지하고 차광망을 이용하여 차광하여 준다. 비닐은 접목당일에는 완전히 밀폐하고 다음날은 내부온도가 30℃ 이상 되지 않도록 조금 열어주면서 시들지 않도록 관리한다.

차광망은 접목 후 2일부터 제거하는데 시드는 모종은 별도로 차광망을 이용하여 관리한다. 대개 접목 후 7일 정도이면 두 접합조직에서 유관속이 분화하여 형성층이 형성된다.

참외의 배축은 육묘기간 중에 절단해야 접목의 효과가 있다. 접수의 배축절단은 접목 후 13~14일경에 실시하는데 우선 4~5포기를 절단하여 다음날 시드는지 여부를 확인하고 전체 접목한 참외의 배축을 잘라준다.

일부 농가에서 아주심을때 접수를 잘라주는 경우가 있는데 이때는 접목 후 상당한 기간(25~30일) 동안 양·수분을 접수와 대목의 양쪽 뿌리에서 흡수함으로써 지상부의 생장이 많아지게 된다. 이러한 접목모종을 아주심기 할 때 접수의 배축을 절단함으로써 아주심은 후에 상당한 스트레스를 받게 된다. 특히 저온기에 아주심기할 경우 그 피해는 가중된다. 한편 참외의 배축을 자르지 않으면 참외를 통해 덩굴쪼김병균이 침입하므로 접목한 효과가 전혀 없기 때문에 삼가야 한다.

(2) 삽접법(꽂이접)

호접과는 달리 삽접은 접목 시 대목에 구멍을 쉽게 내기 위해 대목을 참외보다 3~5일 먼저 파종한다. 대목이 발아하는 시기에 싹틔우기 한 참외를 따로 파종한다.

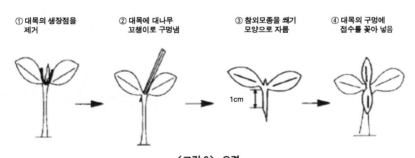

① 대목의 생장점을 제거　② 대목에 대나무 꼬챙이로 구멍냄　③ 참외모종을 쐐기 모양으로 자름　④ 대목의 구멍에 접수를 꽂아 넣음

〈그림 6〉 요령

접목 시에 준비해야 할 것은 물을 담은 접시, 육묘포트, 대나무 꼬챙이, 면도칼 등이다. 접목 시 사용하는 대나무 꼬챙이는 접수의 굵기와 비슷하게 쐐기모양으로 만든다. 접목시기는 파종 후 7일경에 실시한다.

접목요령은 (그림 6)과 같이 참외의 배축 밑부분을 잘라 물을 담은 접시에 담가 두고 대목의 생장점을 제거하고 대나무 꼬챙이로 생장점 부위에서 45° 각도로 찔러 끝부분이 반대편으로 약간 나오게 구멍을 낸다.

참외의 배축은 쐐기모양으로 7~8mm 잘라 대목의 구멍에 삽입하여 끝부분이 대목바깥으로 나오게 하면 접목이 완료된다. 주의할 점은 대목의 배축에 있는 내부 구멍으로 접수의 뿌리가 내리는 경우가 없도록 하고 대목이 웃자라지 않도록 온도를 낮게 관리해야 한다.

(3) 합접법

호접법과 같이 참외를 먼저 벼 파종상자에 파종하고 참외의 떡잎이 전개되어 펼쳐지는 시기에(파종 후 5~7일) 대목을 플러그 트레이에 파종한다. 접목장소는 그늘진 곳, 또는 직사광을 피하도록 차광망을 설치한 곳이어야 한다. 접목 시의 준비물은 면도칼, 접목클립(튜브), 차광망, 활착 및 육묘용 소형터널 등이다.

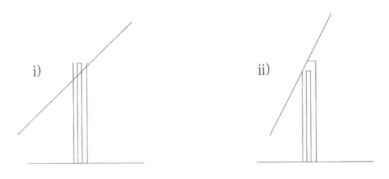

i)   ii)

〈그림 7〉 합접법의 대목 절단방법

접목시기는 참외모종을 기준으로 호접을 하는 시기보다 3~5일 후에 실시하는 것이 좋다. 접목요령은 (그림 7)과 같이 참외모종의 본잎 1매가 완

전히 전개된 시기에 대목의 잎을 제거하여 접수와 대목의 배축을 경사지게
절단하며 접합면이 최대한 많게 서로 밀착시켜 튜브로 고정한다. 특히 대목
의 배축절단은 (그림 7)과 같이 배축의 중심부를 통과하도록(내부의 구멍이
보이게) 하는 i)보다 중심부를 통과하지 않도록(구멍이 보이지 않게) 하는
ii)와 같이 절단하는 것이 중요하다.

접목 후에는 상대습도가 80% 이상, 기온이 25~30℃ 정도 되도록 하고,
4~5일 경과 후에 서서히 순화시킨다. 순화과정은 접목 후 4~5일경에 기온
이 30℃ 이상 되지 않도록 환기를 해 주면서 시들지 않도록 차광망을 덮어
관리한다. 대개 접목한 지 7일 전후에 두 접합조직에서 유관속이 분화하여
형성층이 형성된다.

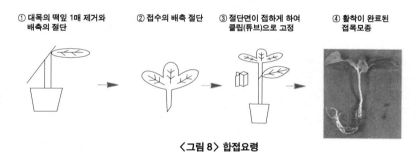

① 대목의 떡잎 1매 제거와   ② 접수의 배축 절단   ③ 절단면이 접하게 하여   ④ 활착이 완료된
　 배축의 절단　　　　　　　　　　　　　　　　　 클립(튜브)으로 고정　　　 접목모종

〈그림 8〉 합접요령

(4) 편엽합접법

파종은 합접법과 같은 방법으로 참외를 먼저 파종하고 참외의 떡잎이
전개되어 펼쳐지는 시기에(파종 후 5~7일) 대목을 플러그 트레이에 파종한
다. 접목장소는 그늘진 곳이나 직사광을 피하도록 차광망을 설치한 곳이어
야 한다. 접목 시에는 면도칼, 접목클립(튜브), 차광망, 활착 및 육묘용 소형
터널 등을 준비해야 한다.

접목시기는 호접을 하는 시기보다 3~5일 경과된 후가 적당하다. 참외의
배축은 가늘기 때문에 본잎 1매가 완전히 전개된 후에는 배축의 절단면과
접하는 면적이 넓어 활착률을 증대시킬 수 있다.

접목요령은 (그림 9)와 같이 떡잎과 생장점을 제거하고 접수와 대목의
배축을 경사지게 절단하여 접합면이 서로 밀착되게 튜브(규격)로 고정한

후, 포트에 심어 활착실에 옮겨두면 접목이 완료된다. 합접은 떡잎을 완전히 제거하는데 반하여 편엽합접은 대목의 떡잎을 1장 남겨두어 접목한다. 접목 후 환경관리는 합접법과 같은 방법으로 하는데 대목이 웃자라지 않도록 온도관리에 주의한다.

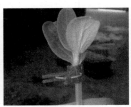

대목에 접수 연결   접목클립으로 고정   완성(무병상토에 꽂기)

〈그림 9〉 편엽합접 요령

04 육묘상에서의 환경관리

Growing oriental melon

 가 접목 후 관리

접목모종은 파종상보다 2~3℃ 높은 25~30℃에서 활착이 잘된다. 접목모종의 관리상 주의할 점은 ① 접목한 모종은 바로 심어 육묘상에 넣고 터널을 밀폐하여 습도를 높게 해서 시들지 않도록 한다. ② 온도관리는 30℃ 이상이 되면 활착이 불량하거나 부패하기 쉽고 20℃ 이하가 되면 활착이 나빠지거나 잘록병이 발생할 우려가 있으므로 온도를 25~30℃ 정도로 유지해 준다. ③ 포트에 심은 접목모종은 차광을 해 주어 시들지 않도록 한다. 너무 오랫동안 차광하면 광선이 부족하여 오히려 활착이 불량하게 되므로 수시로 관찰하여 시들면 덮어주고 활력이 있으면 약간 열어주되 가능하면 차광을 빨리 끝내는 것이 좋다. ④ 일반 비닐은 물방울이 잘 맺히는데 물방울이 접목부위에 직접 떨어지면 부패하기 쉬우므로 물방울이 맺히지 않는 무적성 보온비닐을 사용한다. ⑤ 활착되기 전 접목 부위에 물이 묻으면 부패하기 쉬우므로 물을 줄 때는 주전자로 모종에 물이 묻지 않도록 준다.

접목 후에는 활착을 촉진하기 위해 밤과 낮의 온도를 28~30℃ 정도로 고온관리하는 것이 좋지만 접목 3~4일 후 접착면이 유합되고 나면 낮 온도를 25~30℃, 밤 온도를 18~20℃로 낮추고 배축 절단 후에는 밤 온도를 15℃ 정도로 낮춘다.

활착 후에는 육묘상의 온도를 서서히 내려서 아주심을 때는 15℃ 전후가 되도록 한다. 물은 오전 중에 주도록 하며 오후에는 포트 표면의 흙이 마르도록 관리해야 하는데 차가운 물을 주면 모종이 저온 스트레스를 받기 쉽다.

육묘 후기에 어미덩굴의 본잎 4~5매를 남기고 순치기를 하여 아들덩굴이 나오게 한다. 이 시기는 꽃눈분화기에 해당되는데 낮에 35℃ 이상 지나치게 고온관리를 하면 암꽃의 착생이나 착과가 나빠질 가능성이 있으므로 매우 주의해야 한다. 밤 온도가 너무 낮으면 배꼽과 등의 기형과 발생이 많으므로 밤낮의 온도차가 너무 크지 않도록 한다.

아주심은 후의 옮김몸살을 방지하기 위해 아주심기 4~5일 전부터 15℃ 내외로 계획적인 모종 굳히기를 한다. 모종 굳히기 온도는 정식포장보다 1~2℃ 낮은 것이 바람직하다.

육묘일수가 짧은 어린 모종을 아주심으면 활착은 빠르나 온도, 수분조건이 좋을 경우 자칫 웃자라기 쉬워 암꽃분화가 늦어질 가능성이 있다. 육묘일수가 긴 노화모종을 아주심으면 꽃눈분화 및 착과는 순조로우나 활착이 늦어 초기 생육이 부진하다. 만약 포트 내의 비료분이 떨어져 잎 색깔이 노랗게 되면 요소액비(0.3~0.5%액)를 엽면시비 혹은 관주한다.

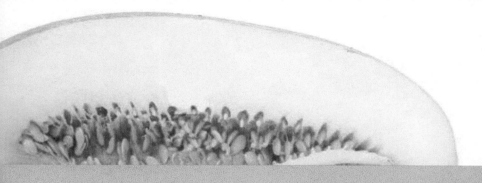

제 Ⅶ 장
고품질 생산을 위한 본밭관리

01 아주심을 준비와 밑거름 넣기

Growing oriental melon

가 본밭준비

밑거름과 퇴비는 아주심기 2개월 전에 넣어두는 것이 좋다. 미리 넣어 삭혀두어야 아주심은 후 참외가 곧 흡수할 수 있어 초기생육이 좋아진다. 저온기에는 지온이 낮아서 비료성분의 분해가 늦고 하우스를 피복하여도 지온이 빨리 오르지 않으므로 미리 준비해 두면 효과가 크다. 저온기에 아주심기 직전에 많은 양의 퇴비나 질소비료를 넣으면 아주심은 후에 가스에 의한 피해를 입을 염려가 있다.

저온기에 재배할 때는 특히 지온에 관심을 가져야 한다. 참외의 생육에 알맞은 지온은 20~25℃인 것으로 밝혀져 있지만 아주심기 때부터 뿌리내림까지는 가급적 높은 것이 좋다. 최저한계지온은 호박대목에 접목했을 때는 14℃, 제뿌리재배를 할 때는 16℃ 이상은 확보되어야 한다. 그런데 외기온이 많이 떨어지는 시기에는 하우스 안이라 하더라도 이 정도의 지온을 확보하기가 쉽지 않다.

하우스를 밀폐해 두면 땅 표면의 온도는 기온이 상승함에 따라 곧 올라가지만 참외뿌리의 분포가 많은 지표 아래 10~20cm 깊이의 온도는 맑은 날에도 하루에 1℃ 정도 밖에 오르지 않는다. 그러므로 미리 아주심을 준비를 갖추고 하우스를 밀폐하여 지온을 높여야 한다. 아주심을 때 지온이 낮고 오래 지속되면 뿌리가 갈변하여 생육이 정지하게 되는데, 정상관리를 해도 회복되기까지 15일 이상의 기간이 소요되므로 일찍 아주심기 한 의미가 없어진다.

밑거름을 넣은 후에는 이랑을 만들고 아주심을 구덩이를 판다. 구덩이에 충분히 물을 주어 이랑을 가라앉힌 뒤에 구덩이만 남기고 이랑표면을 고르게 고른다. 다음에 관수호스를 깔고 비닐을 덮는다. 이때 비닐이 이랑표면에 밀착이 되어야만 지온이 빨리 높아지므로 관수호스를 깔기 전에 되도록 이랑면을 고르게 한다. 그리고 터널을 설치하여 최대한 온도를 높인다. 이러한 작업은 늦어도 아주심기 10일 전까지는 마쳐야 한다.

관수는 호스를 설치하는 방법과 고랑 관수를 하는 방법이 있다. 고랑관수는 시설비가 들지 않아 경제적이기는 하나 포장 전체에 물을 고르게 줄 수 없고 한꺼번에 많은 물을 주게 되어 토양수분의 변화를 크게 할 뿐만 아니라 지온을 떨어뜨리고 하우스 내의 습도를 높이기 때문에 생

하우스사이 배수로정비

리장해를 초래하기 쉽다. 관수호스는 분수호스와 점적호스의 두 가지 종류가 있다.

분수호스는 설치비용은 적지만 관수한 물이 비닐을 타고 흘러내리므로 위치에 따라 토양수분 함량에 차이가 크게 생기고 결과적으로 참외의 생육도 불균일해진다. 그러므로 비용은 조금 비싸더라도 점적호스를 설치하는 것이 관리가 편리하다.

논에 하우스를 설치한 지대에서는 배수하기가 어렵고 지하수위가 높은 경우가 많다. 토양수분이 많으면 지온이 떨어지므로 이러한 곳에서는 되도록 두둑을 높게 만든다. 이때 두둑의 높이는 30cm까지 높이는 것이 좋고 하우스 주변에 배수구를 파서 하우스 밖의 물이 안으로 스며들지 않도록 해야 재배의 안정성이 높아지고 좋은 품질을 생산할 수 있다.

나 시비량의 결정

참외의 기준시비량은 (표 26)과 같지만 지역이나 농가에 따라 땅심에 상당한 차이가 있기 때문에 시비기준량은 참고자료가 될 뿐이고 실제로 시비하는 양은 농가 스스로 경험을 바탕으로 결정해야 한다.

시비량을 결정하기에 앞서 고려해야 할 점은 참외는 비료의 요구량이 많지 않아서 비료를 더 주거나 덜 주어도 수량에는 큰 차이가 없다는 것과 시설재배의 연작지에서는 비료성분의 손실이 적어서 토양에 잔류하는 비료성분이 매년 증가하는 경향이 있다는 것을 염두에 두어야 한다.

실제로 참외 연작지에서는 비료성분 과잉으로 생육이 늦어지는 경우를 흔히 볼 수 있고, 참외 주산지의 토양을 분석하여 본 결과 대부분의 주산지에서 염류의 축적량이 농도장해를 일으킬 정도로 많았다. 그러므로 밑거름을 넣기 전에 반드시 토양의 전기전도도(EC)와 토양산도(pH)를 측정하여 그 정도에 따라 시비량을 결정하고, 연작지에서는 매년의 측정치를 비교하여 시비량을 가감하는 것이 과학적인 영농방법이라 하겠다.

시설원예 연작지에서는 참외를 지력으로만 키워도 수량에는 큰 차이가 없는 경우가 많은데, 질소나 칼리의 시비효과가 잘 나타날 정도가 되면 발효과와 물찬과의 발생이 크게 증가할 염려가 있다. 초세가 강한 호박대목에 접목재배하면 접목하지 않은 제뿌리재배에 비해 발효과나 물찬과가 크게 증가하는 것도 이와 같은 이치이다. 그러므로 연작지에서는 밑거름은 약간 부족한 듯이 넣고 식물의 생육이 왕성한 정도를 보아가며 웃거름으로 생육을 조절하는 것이 무난하다. 접목재배를 할 경우에는 대목품종의 특성에 따라 비료의 양을 조절할 필요가 있다. 즉, 세력이 강한 신토좌 같은 대목을 쓸 경우 밑거름의 양을 기준 시비량의 반량 이하로 줄이는 것이 타당하다.

표26 **참외의 시비 기준량(1998, 농촌진흥청)**

성 분	시비량(kg/10a)	시비례(kg/10a)
질 소	25.0	요 소 54
인 산	7.7	용성인비 39
칼 리	16.0	염화칼리 25

88

질소, 인산, 칼리 이외의 성분으로 10a(300평)당 칼슘 30~40kg과 마그네슘 8~10kg을 넣고 퇴비를 3~5톤 넣는다. 칼슘과 마그네슘은 매 작기마다 시비하는 것이 아니고 토양산도를 측정하여 산도가 6.0 이하일 때만 농용석회 또는 고토석회를 10a(300평)당 70~100kg 정도 넣어준다.

다 　시비방법

　시비하는 방법은 인산과 칼슘, 마그네슘은 전량 밑거름으로 넣고, 질소와 칼리는 앞에서 말한 토양의 전기전도도 측정결과에 따라 시비량을 결정하지만 기준시비량을 넣는다고 가정하면 전체량의 1/2~2/3를 밑거름으로 넣고 나머지는 초세를 보아가며 웃거름으로 나누어 준다.

　밑거름의 시비 위치는 시비량이 성분량으로 10kg을 초과할 때는 토양전면에 뿌리고 로터리 하는 전층시비를 하고, 시비량이 10kg 이하일 때는 이랑 만들 자리에 골뿌림을 하고 그 위에 이랑을 만드는 것이 좋다.

　웃거름은 과실비대기에 시비하는 데 1회 시비량이 10a(300명)당 질소 3kg, 칼리 2kg을 초과하지 않아야 한다. 연장재배를 할 때는 2차 또는 3차 수확 예정인 과실의 비대 초기부터 적당한 간격으로 위에 말한 양의 비료를 웃거름으로 준다.

02 아주심기

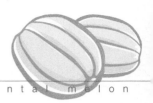

Growing oriental melon

가 이랑 만들기

참외 주산지의 하우스 폭은 대부분 4.5m에서 5.1m 사이이므로 하우스의 길이 방향으로 넓은 이랑 2개를 만드는 것이 일반적이다. 무가온재배에서는 터널 위에 부직포를 덮어 보온해야 하므로 가운데 통로와 하우스의 측면에 어느 정도의 공간을 두는 것이 작업하기에 편리하다. 그래서 많은 농가가 작업능률을 고려하여 통로나 측면의 공간을 넓히고 두둑의 폭에 대해서는 등한시하는 경향이 있으나 두둑의 폭이 수량과 품질에 직접적인 영향을 미친다.

포기 사이의 거리가 일정할 때는 두둑의 폭이 좁을수록 덩굴 사이의 거리가 줄어들어 빽빽하게 심어지기 때문이다. 겨울에는 외기온도가 낮아서 잎의 크기도 작고 마디길이도 짧지만 온도가 높아짐에 따라 생육도 점차 회복되므로 저온기재배라 하더라도 두둑의 폭은 최소한 1.5m 이상은 되도록 만드는 것이 바람직하다. 하우스의 폭이 6.0m 이상이면 세 이랑을 만들기도 한다.

나 심는 밀도

참외의 수량이 심는 포기 수에 의해 결정된다고 생각하는 경우가 많고 어느 정도는 심는 포기 수가 수량을 결정하는 것도 사실이다. 그러나 실제로는 잎면적에 의해 수량이 결정된다고 보는 것이 더 사실에 가깝다.

잎면적은 잎면적지수(葉面積指數) 즉 일정한 면적에 잎의 면적이 어느 정도인가 나타내는데 잎면적이 너무 크면 잎이 겹치고 그늘진 부분이 생겨 광합성 효율이 떨어지고 반대로 너무 작으면 단위면적당의 광합성 양이 적어진다. 그러므로 적당한 잎면적 지수를 유지할 때 수량이 많게 된다.

저온기재배에서 알맞은 잎면적 상태는 과실비대기까지는 잎이 서로 겹치지 않고 토양에 햇빛이 다소 투과될 수 있는 상태이다. 많이 심으면 과실수가 많아진다는 단순한 계산에서 배게 심는 경우가 많지만 밀식을 하여 웃자라게 되면 토양온도가 오르지 않아 착과기가 늦어지거나 잎이 작아져서 그 결과로 과실크기가 작다. 이렇게 되면 전체 과실수는 많지만 상품성이 떨어진다.

과실비대기에 세력이 강하고 웃자라게 되면 과실과 잎, 줄기와의 영양 경합에 의해 비대중의 과실이 곯아버리거나 기형과가 되어 상품수량이 크게 떨어지는 경우도 있다. 그리고 수확기까지 웃자람이 지속되면 과실이 잎에 가려서 색택이 나빠지는 소위 말하는 때깔이 나쁜 과실이 되어 상품성을 저하시킨다.

주산지에서의 포기 사이 거리를 보면 예전에 비하면 많이 넓어졌지만 지금도 30~35cm로 심는 경우가 많다. (그림 10)은 농가에서 많이 행하고 있는 방법으로 하우스 내에 두둑 폭 1.5m의 이랑을 두 개 만들고 아들덩굴의 길이를 110cm 길이로 덩굴고르기를 할 경우의 덩굴 유인각도와 그리고 포기 사이 거리를 다르게 하였을 경우의 덩굴과 덩굴 사이의 간격을 나타낸 것이다.

30cm 간격으로 심으면 덩굴 사이의 수직거리가 20cm가 되고, 35cm에서는 24cm가 된다. 이 사이에 참외잎 두 장이 마주보고 자라기에는 지나치게 거리가 좁다. 포기 사이를 40cm로 하면 덩굴 사이가 28cm가 되고 45cm 간격에서는 31cm, 50cm 간격에서 비로소 34cm가 된다(그림 10).

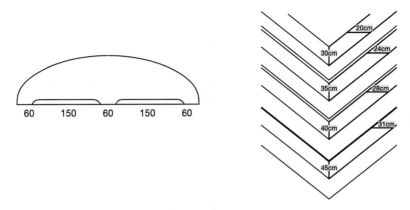

<그림 10> 단동하우스에서의 이랑 만드는 예와 재식거리별 덩굴 사이 간격

참외는 원래 고온성 작물이어서 여름철과 같은 온도조건이 참외의 생육 특성을 제대로 나타낼 수 있는 기후인데 생육이 정상적일 때는 덩굴 사이가 35cm는 되어야 잎이 많이 겹치지 않는다.

덩굴의 순지르는 길이를 110cm, 그리고 덩굴이 자랄 수 있는 두둑 폭을 150cm로 계산하였지만 덩굴길이를 더 길게 키우거나 두둑 폭이 이보다 좁으면 덩굴 사이의 거리가 더욱 좁아진다(그림 10).

이러한 점을 고려할 때 참외를 (그림 10)과 같이 V자형으로 또는 아래위로 경사지게 유인할 때는 최소한 포기 사이가 40cm는 되어야 참외 본래의 생육특성을 발휘할 수 있어서 수량도 많고 품질도 우수할 것으로 생각된다.

하우스의 폭과 재식거리에 따른 10a(300평)당 아주심을 포기 수를 계산하면 (표 27)과 같다. 그러나 하우스의 출입구와 끝부분에는 이용할 수 없는 공간이 있기 때문에 실제로 심을 수 있는 포기 수는 이보다 약간 적다.

포기 사이를 30cm로 하면 아주심을 포기 수가 많아지지만 앞에서 말한 바와 같이 덩굴 간의 거리가 지나치게 좁고, 포기 사이를 40cm와 50cm로 하면 아주심을 포기 수에 그렇게 큰 차이가 없다. 과실의 품질은 적당한 거리를 두고 심어 채광이 양호할 때 좋아지므로 무리하게 밀식하지 않는 것이 좋을 것 같다.

표27 2덩굴 유인 시의 재식거리별 정식주수

하우스 폭(m)	이랑 수	포기 사이(cm)	10a당 포기 수
4.8	2	30	1,380
		40	1,040
		50	830
5.1	2	30	1,300
		40	980
		50	780
5.4	2	30	1,230
		40	920
		50	720

다 아주심을 때 꼭 알아야 할 점

(1) 뿌리내림을 촉진하기 위해서는 지온을 확보해야 한다.

저온기에 아주심게 되므로 가장 중요한 문제는 새 뿌리가 자랄 수 있는 지온을 확보하는 일이다. 참외뿌리의 발육은 단기간일 때는 지온이 34℃까지는 높을수록 잘 자란다고 하지만 생육 전 기간을 통해서 볼 때는 뿌리가 노화하기 쉬운 고온보다는 20℃ 전후가 적당한 것으로 알려져 있다.

지온이 14℃ 이하가 되면 뿌리털의 발생이 정지되므로 뿌리의 분포가 많은 지표 밑 10~20cm의 지온이 최저 15℃ 이상은 되어야 한다. 만약 아주심을 시기에 지온이 이보다 낮을 때는 심는 것을 며칠 늦추더라도 하우스의 보온에 힘써서 최저지온을 확보한 뒤에 심는 것이 뿌리내림은 물론 아주심은 후의 초기 생육이 빨라지므로 조기수확에 유리하다. 또한 아주심을 때는 조심해서 심는다 해도 얼마간의 옮김몸살을 받기 마련이다.

그러므로 아주심기 할 본밭의 온도는 육묘상에 비해 2~3℃ 높은 것이 바람직한데 저온기에 본밭의 온도를 높게 유지하는 것은 쉽지 않으므로 아주심기 5~7일 전부터 상대적으로 육묘상의 온도를 단계적으로 낮추어 모종굳히기를 하면 옮김몸살을 적게 받을 수 있다.

(2) 맑은 날 심는다.

외기 온도가 낮은 시기에 아주심을 때는 맑은 날을 택해서 하고 시설 내의 온도가 높은 시간대에 작업을 끝낸다. 즉 늦어도 오후 2~3시까지는 심기를 마치고 하우스를 밀폐하여 지온을 높인다.

(3) 포트가 지표면 위로 올라오게 심는다.

아주심을 때는 다음의 사항에 주의해야 한다. 첫째, 포트흙이 부서져서는 안 된다. 포트흙이 부서지면 뿌리가 끊어지기 때문에 잎이 시들게 되고 이로 인해 뿌리내림이 늦어져서 생육이 고르지 않게 된다. 더욱 심하면 암꽃의 분화나 형성에 지장을 주어 암꽃을 건너뛰는 경우가 생긴다.

포트흙이 부서지기 쉬운 원인으로는 첫째, 지온의 부족, 또는 모의 웃자람으로 뿌리의 발육이 억제된 경우와 모판흙의 유기물함량 부족으로 인한 물리성의 악화로 뿌리가 모판흙의 바깥부분에만 분포하여 포트의 긴밀도가 떨어진 경우를 들 수 있다.

둘째, 깊게 심어서는 안 된다. 깊게 심어서 관수할 때마다 지제부에 물이 고이게 되면 통기불량과 지온의 저하로 생육이 억제될 뿐만 아니라 잘록병이나 덩굴마름병 발생이 많아진다. 그러므로 아주심을 때는 포트 표면이 이랑면보다 1~2cm 정도 높게 심고 주위의 흙으로 포트 가장자리를 묻어서 뿌리내림 할 때까지 포트가 마르는 것을 방지한다. (표 28)은 멜론에서 육묘포트 심는 깊이를 달리하여 정식 후부터 과실의 비대초기까지의 생육을 비교한 것인데 아주심은 후 22일까지 생육은 두둑면과 같은 높이로 심은 것과 두둑면보다 2cm 높게 심은 것이 비슷하였으나 아주심은 후 35일에 조사한 생육은 두둑면보다 높게 심었을 때가 좋았다.

표28 **아주심는 깊이와 아주심기 후 초기생육과의 관계 (1997, 부산원시)**

아주심는 깊이	3월 24일(아주심기 22일 후)					4월 17일	
	잎수(매)	생체중(g/주)		건물중 (g/주)	잎면적 (cm²/주)	잎수(매)	초장(cm)
		지상부	뿌리				
깊이 심기	6.0	19.2	1.0	2.3	270	16.5	68
지면 높이	8.0	58.8	13.5	4.9	575	22.5	125
2cm 높이	8.5	55.4	12.7	5.2	531	25.5	135
3cm 높이	7.5	43.5	11.1	4.3	421	26.5	137
4cm 높이	7.0	37.1	9.8	3.3	376	24.0	124
무복토	6.0	19.6	4.6	2.2	193	15.0	50

※ 2월 3일 파종, 3월 3일 아주심기, 직경 9cm PE 포트 사용
※ 아주심는 깊이 : 깊이심기는 포트 표면이 두둑면보다 1cm 낮게 아주심었고 지면 높이는 두둑면과 같게, 그리고 2, 3, 4cm 높이는 각각 높게 심은 정도를 나타내고, 무복토는 포트를 두둑 위에 올려놓고 흙을 덮지 않은 상태임

포트 표면을 지면보다 낮게 즉 깊이 심었을 때(심식구)는 생육이 가장 나쁜 무복토구와 비슷하였고 뿌리의 양도 무복토구의 약 1/5에 불과하였다. 이것은 지온의 저하와 통기불량에 의해 새 뿌리가 발생하지 못했기 때문이다. 이러한 결과로 볼 때 포트의 물리성이 좋아서 아주심을 때 포트가 부서질 염려가 없으면 포트를 두둑면보다 상당히 높게 심는 것이 지금까지 심어온 방법보다 아주심기 노력도 절약되고 아주심은 후의 생육도 좋을 것으로 생각되어 권장하고 싶은 아주심기 방법이다.

라 아주심기 전후의 온·습도 관리

아주심기 할 포장은 심은 후에 물을 주지 않아도 될 정도로 미리 토양수분을 조절해 두는 것이 좋고 아주심기 할 시기에는 아주심기 전날 또는 아주심을 직전에 포트에 필요한 최소한의 물만 주어서 심는다. 이렇게 하면 포트가 가벼워서 운반도 쉽고 아주심을 때에 포트가 부서질 염려도 없다. 그리고 아주심기한 직후에 찬물을 주면 뿌리가 상하기 쉽다. 만약 아주심은 후 시드는 포기가 생기면 주전자 등으로 시드는 포기에만 관수하여 주거나 시드는 정도가 가벼울 때는 물뿌리개나 분무기로 잎에만 물을 뿌려서 증산을 억제하는 정도로 관

리하는 것이 좋다.

아주심은 후에는 지온을 높여야 뿌리내림이 빠르다. 그러므로 하우스를 밀폐하여 온도를 높이는 데 짧은 기간이라면 40℃ 이상 기온이 올라가더라도 지장이 없으나 지나친 고온관리가 계속되면 암꽃발육에 나쁜 영향을 미치므로 새 뿌리가 내릴 때까지는 낮 온도는 35℃를, 밤 온도는 18~20℃를 목표로 관리한다.

공중습도가 낮은 조건에서 밀폐하여 온도를 높이면 증산에 필요한 수분을 흡수하지 못해 잎이 타는 경우가 있으므로 멀칭한 비닐 위에 물을 뿌려서 터널 내의 습도를 높이고 밀폐기간은 되도록 짧게 하는 것이 좋다. 밤 온도가 목표온도에 이르지 못할 때는 낮 온도를 약간 더 높이는 것이 유리할 경우도 있다.

뿌리내림이 되어 새잎이 자라기 시작하면 차츰 정상적인 온도관리로 되돌아와 낮 온도는 28~33℃를 목표로, 밤 온도는 아침 최저기온이 12℃ 이상이 되게 관리한다.

03 정지(덩굴 고르기)와 덩굴 유인

Growing oriental melon

가 어미덩굴 순지르기

참외는 보통 손자덩굴에서 착과시키므로 육묘 후기 또는 아주심기할 초기에 아들덩굴을 고르게 발생시키기 위해 순지르기를 한다. 모종을 튼튼하게 키우면 어미덩굴과 아들덩굴이 구별이 안 될 정도로 아들덩굴의 생장이 빠르지만 보통은 어미덩굴의 둘째 또는 셋째 마디에서 나오는 아들덩굴의 생장이 빠르고 충실하다. 그러므로 두 덩굴재배를 하고자 할 때는 본잎 3~4매, 그리고 세 덩굴 이상을 키우고자 할 때는 4~5매를 남기고 순을 지른다.

세력이 약하면 순지르는 시기를 늦추는 것이 좋고, 반대로 포트간격이 좁다든지 하여 마디 사이가 길어질 때는 되도록 일찍 순을 질러야 고른 아들덩굴을 확보할 수 있다. 모종이 튼튼하고 뿌리의 발육이 좋으면 아들덩굴의 발생이 왕성하므로 잎 수를 적게 남기고 순을 질러도 지장이 없다.

일부 재래종을 제외하고는 아들덩굴에도 암꽃이 착생한다. 따라서 세워키우기를 한다든지 일찍 수확하고자 할 때는 어미덩굴을 그대로 키울 수도 있다.

표29 **아들덩굴 수에 따른 상품수량(1993, 부산원시)**

아들덩굴 수	당도(°Brix)	외관(1-5)	상품과율(%)	상품수량(kg/10a)
2	13.0	4.4	77	1,895
3	13.2	4.4	76	1,876
4	13.1	4.3	66	1,639

※ 외관 : 5(우수) -1(불량)

나 아들덩굴 순지르기

(1) 덩굴 고르기

덩굴 고르기란 아주심은 후 어미덩굴에서 발생하는 아들덩굴을 솎아주는 작업을 말하며, 그 목적은 개화 및 착과기간을 단축시키고 착과수를 조절하여 수량과 품질을 향상시키기 위해서이다.

포기당 덩굴 수는 아주심기 할 때 이미 정해지는데 집약적인 관리를 하는 시설 재배에서는 대개 포기당 2덩굴을 키우고 터널조속재배나 노지재배에서는 3~4덩굴을 키우기도 한다. 포기당 남기는 덩굴 수가 많을수록 균일하게 착과시키기가 어려운 대신 육묘 비용은 줄어든다.

아들덩굴 고르기

덩굴 고르는 시기는 아들덩굴이 30~40cm 정도 자랐을 때가 알맞지만 식물의 생육이 왕성한 정도에 따라 시기를 다소 조정한다. 즉 식물의 생육이 강할 때는 덩굴 고르는 시기를 약간 앞당기고 약하면 다소 늦추어 초세가 빨리 회복되도록 유도한다. 육묘를 잘했을 때는 어미덩굴의 마디 마다 아들덩굴이 발생함은 물론 발생시기도 빠르고 또 고르게 나오기 때문에 덩굴 고르기가 쉽다.

반면에 지상부가 웃자라거나 뿌리의 발육이 불량할 때는 발생하는 아들덩굴의 수가 적고 덩굴 간에 자라는 속도에 차이가 많이 생겨서 착과기간이 길어지고 착과율이 떨어진다. 이런 때에는 한 포기 내에서 덩굴길이가 비슷한 것을 남겨야 같은 시기에 착과시킬 수가 있어서 착과율이 높아진다.

(2) 덩굴의 유인방법

덩굴 유인방법은 재배시기가 이랑넓이에 따라 정해진다. 유인방법은 (그림 11)과 같이 여러 가지 방법이 있다. 하우스 내에 터널을 설치하고 보온용 피복재를 덮어야 하는 저온기재배에서는 대부분 2덩굴 유인법을 많이 쓴다. 이랑 폭이 덩굴길이보다 좁기 때문에 덩굴을 V자형으로 유인하는 것이 일반적이고 또는 덩굴 끝이 반대방향으로 가도록 하는 경사(傾斜)유인법을 쓰기도 한다. 이러한 방법으로 유인을 하면 덩굴이 서로 겹치는 부분이 많게 되어 교배, 열매솎기, 곁순정리 등의 작업이 다소 어렵다. 이랑을 넓게 만들 수 있을 때는 이랑방향과 직각으로 U자형 유인을 하거나 일자(-字)유인법을 이용한다. 작업성은 이런 유인방법이 좋다.

포기당 덩굴 수를 3개 이상으로 할 때는 Y자형 또는 X자형으로 유인한다. 2덩굴재배에서는 모판에서 본잎 3~4매를 남기고 순지르기를 하지만 3덩굴 이상으로 재배할 때는 본잎 4~5매를 남기고 순지르기를 한다.

포트에서 본잎을 5매 이상 키우면 모종이 노화하는데 노화모종은 아들덩굴의 발생이 나쁘다. 그러므로 본잎을 많이 남기고 순지르기를 하고자 할 때는 약간 일찍 심어서 세력을 북돋운 뒤에 하는 것이 좋다.

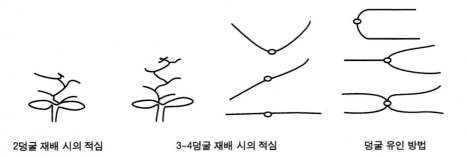

2덩굴 재배 시의 적심   3~4덩굴 재배 시의 적심   덩굴 유인 방법

〈그림 11〉 덩굴 유인하는 방법

(3) 아들덩굴의 순지르는 위치

두 번째 하는 순지르기로 교배기 전에 아들덩굴 끝부분의 순을 지른다. 이때는 착과시킬 손자덩굴을 고르게 발생시키고 암꽃을 충실하게 피우는 데 목적이 있다. 참외와 같은 덩굴성작물은 생장점이 많을수록 세력이 강해진다.

착과 전에 세력이 지나치게 강하면 착과시키기가 어려우므로 식물의 생육이 강할 때는 반드시 교배 또는 착과제 처리 전에 착과절 아래의 곁순을 따주고 아들덩굴 끝을 순지르기를 하여 영양생장을 억제해야 착과절의 암꽃이 충실해지고 착과가 잘된다. 초기생육이 더디고 마디 사이가 짧거나 잎이 작을 때는 아들덩굴을 그대로 연장시키는 것이 세력유지에 유리한 경우도 있다. 그러나 이런 경우에도 식물의 생육 정도가 좋아지면 순을 지르는 것이 두벌재배의 관리가 쉽다.

-세력이 강할 때는 12~15마디에서 순 지름
-세력이 약할 때는 15~18마디에서 순 지름

〈그림 12〉 덩굴 유인하는 방법

순지르는 위치는 지역이나 재배농가에 따라 차이가 있으나 대개 12마디에서부터 18마디 사이에서 순지르기를 하며 각각 장단점이 있다. 12마디와 같이 짧게 순을 지르면 앞서 말한 바와 같이 생식생장이 촉진되어 착과시키기가 쉽고 손자덩굴의 숫자가 적어서 교배작업이 쉽고 개화가 빠르기 때문에 수확기가 다소 빨라진다. 반면에 잎면적이 적어서 과실비대가 불량하므로 기형과가 많이 생기며 당도가 떨어져서 품질은 나빠진다. 이와 반대로 길게 남기고 순을 지르면 교배작업이 불편한 점은 있지만 과실비대와 품질이 좋아진다. 따라서 어느 위치에서 순지르기를 할 것인가는 식물의 생육이 왕성한 정도와 재배시기를 참고로 하여 결정해야 한다(그림 12).

일부지역에서는 6~9마디에서 순을 지르기도 한다. 이 방식은 초기에 터널조숙재배 작형에서 빨리 수확하고자 할 때 이용하던 방법이다. 이 작형에서는 비교적 덩굴신장이 좋으므로 아들덩굴의 6마디를 남기고 순을 지른후 덩굴의 끝부분에서 발생하는 손자덩굴 한 개 또는 두 개를 열매가지로이용하여 한 덩굴당 과실 한 개를 착과시킨 뒤 방임한다. 8~9마디에서 순을지를 때는 3~4마디부터 착과시키고 착과시키지 않는 마디에서 발생하는 손자덩굴은 전부 잎 3매를 남기고 순을 지르는 방법을 쓰기도 한다.

이와 같이 극단적으로 아들덩굴의 순을 짧게 지르는 것은 수확기를 조금이라도 앞당기려는 의도에서 하고 있고 또 참외는 그렇게 해도 착과가 잘되기 때문에 이러한 순지르기 방법도 가능하지만 착과 후의 덩굴관리에 많은 노력이 소요되고 과실비대와 품질이 불량하여 현재는 극히 일부 지역에서 이용하고 있을 뿐이다.

다 손자덩굴의 정리 및 순지르기

세 번째 이후의 순지르기는 참외의 세력이 왕성하여 새순이 계속 자랄 때나연장재배를 할 때 한다. 손자덩굴의 순지르기를 하기에 앞서 손자덩굴 몇 개를남길 것인가를 정해야 하는데, 우선 착과절 밑의 손자덩굴은 되도록 일찍 제거한다. 그리고 착과위치에 손자덩굴을 착과시킬 숫자보다 1개 또는 2개 정도 더많이 남기고 그 위로는 덩굴 끝부분에 1개 또는 2개를 남기고 나머지는 일찍제거하는 것이 기본적인 방법이다. 열매가지는 암꽃이 착생한 다음의 잎을 한장 남기고 교배 전에 순을 지른다.

참외는 곁순의 첫마디에는 대개 암꽃이 달리는데 더러는 첫째 마디에 달리지 않고 두 번째 마디에 달리는 경우도 있다. 그러나 그 이후로는 아무리 신장시켜도 암꽃이 착생하지 않는다. 그러므로 연장재배를 할 때는 새순을 다시 순지르기를 해야 암꽃을 피울 수가 있다.

아들덩굴의 순을 짧게 자른 경우에는 잎면적을 확보하기 위해 착과절 위의손자덩굴을 많이 남기게 된다. 이때 포기의 세력이 강하면 남긴 손자덩굴의 마디마다 다시 곁순(증손자덩굴)이 발생하여 웃자람 상태가 된다. 이렇게 되면 비대중의 과실과 덩굴과의 사이에 양분의 경합이 일어나고 과실의 비대가 불량하여 일부가 기형과가 되거나 곪아버린다. 그렇지 않은 경우라도 착색기의 과실이 잎 속에 파묻힌 형태가 되어 착색이 나빠지기 때문에 새순의 발생과 신장이 왕성한 때에는 수시로 순을 질러서 세력을 조절해 주어야 수량과 품질을 높일 수 있다.

표30 손자덩굴 정리방법에 따른 참외의 생육과 과실 품질(1993, 부산원시)

손자덩굴 수	경엽생체중 (g/주)	엽면적 지 수	수확과수 (개/주)	상품과율 (%)	당 도 (°Brix)	외 관 (1-5)
완전 제거	1,186	1.2	5.5	69	13.4	4.4
1덩굴 유인	1,850	1.8	5.9	82	13.9	4.5
전부 방임	2,860	1.9	1.7	371	4.8	3.5

※ 외관 : 1(불량) -5(우수)

(표 30)은 포기당 2덩굴재배에서 아들덩굴을 17마디에서 순지르고 6마디부터 연달아 과실 3개를 착과시킨 다음 그 위에서 발생하는 손자덩굴을 전부 따주거나 1덩굴 남기는 방법 또는 전부 남기는 방법의 3가지 형태로 재배하면서 포기당 수확과실수와 품질을 비교한 것이다. 과실수는 손자덩굴을 전부 따준 것과 끝부분에 한 덩굴 남긴 것과 별 차이가 없었지만 과실의 상품률과 당도는 1덩굴 남겼을 때가 우수하였다. 방임재배 즉 착과마디만 순을 지르고 그 위에 발생한 손자덩굴을 전부 키웠을 때는 잎면적이 많아서 당도는 가장 높았지만 수확과실수가 적었고 외관이 불량하였다. 이런 결과를 볼 때 잎이 어느 정도 많아야 당도가 높아지지만 너무 많아서 웃자람 상태가 되면 수량이 크게 감소한다는 것을 알 수 있다.

라 손자덩굴과 증손자덩굴의 활용법

〈그림 13〉 손자덩굴 정리 및 순지르는 방법

참외는 과실 한 개당 잎이 8~10매 정도는 되어야 과실이 정상적으로 비대하고 당도도 높은 과실을 생산할 수 있다. 덩굴당 과실 3개를 착과시킬 경우 필요한 잎 수는 24~30매가 되고 20마디에서 순지르기할 때 열매가지의 잎을 포함하여 8매가 된다. 이 정도가 필요한 최소한의 잎의 수가 되는 셈이고 이 잎이 충분한 광합성작용을 할 수 있도록 하우스 전체에 고르게 배치하는 것이 바람직하다. 그러나 이랑을 넓게 만들면 부직포매트와 같은 보온자재의 개폐에 그만큼 많은 노력이 소요되므로 저온기에 시설재배를 하는 경우에는 필요성은 알지만 이랑을 넓게 만들기가 쉽지 않다.

폭이 좁은 이랑에서 덩굴을 길게 남기고 순지르기를 하면 덩굴이 이랑방향으로 몇 겹씩 중복되어 광합성 효율과 작업능률이 저하될 수밖에 없다. 그래서 이러한 문제를 회피하기 위해 짧게 순을 지르는 경우가 있고 그 극단적인 예가 앞에서 말한 아들덩굴 6마디에서 순지르는 적심방법이지만 이 경우는 잎면적의 부족으로 필연적으로 과실의 품질이 나빠진다.

잎은 뿌리의 신장과 과실의 비대 발육을 지탱하는 동화양분을 생산하는 기관이다. 그래서 잎면적이 어느 정도 이상은 있어야 수량도 많고 품질도 우수하지만 잎이 전개하기까지는 양분, 수분 및 광합성 산물을 이용하는데 있어서 과실과 경쟁관계에 있다.

잎과 과실과의 경쟁이 가장 심한 시기가 교배기 전후로부터 과실비대 초기까지의 생육단계이다. 그러므로 교배기경에는 순지르기 등의 방법으로 영양생장을 억제하는 관리를 하여 상대적으로 생식생장을 도와주어야 착과와 과실비대가 촉진되는 것이다. 재배를 하면서 순지르는 시기를 빠르게 또는 늦게, 그리고 순지르는 정도를 강하게 혹은 약하게 달리해 보면 시기는 다소 빠르고 순지르기는 강하게할 때가 수확 시의 과실무게가 더 나가는 것을 경험할 수 있다. 다만 그 정도가 지나치면 후기에 식물생육이 저하하여 당도가 떨어지기 쉽다.

이러한 참외 기관 간의 경쟁원리를 잘 활용하면 품질에 큰 지장 없이 작업능률도 높일 수 있을 것으로 생각된다. 식물생육이 정상이라면 생각할 수 있는 방법으로서 먼저 아들덩굴을 12~15마디 전후에서 짧게 순지르기를 한다. 이렇게 하면 표준방법에 비해 덩굴길이가 짧아지므로 덩굴 간의 거리가 넓어져 광합성 효율이 증대되고 착과와 초기비대가 좋아질 수 있을 것이다.

부족한 잎면적은 덩굴의 끝마디 부분에서 발생하는 손자덩굴을 신장시키고 손자덩굴에서 발생하는 증손자덩굴을 방임하는 것으로 보충할 수 있다고 본다. 아들덩굴 순지르는 위치는 식물생육의 왕성한 정도에 따라서 생육이 강하면 짧게, 약하면 길게 자르는 것을 기본으로 하여 경험에 의해 판단하면 될 것이다.

이 방법의 활용가능성은 잎면적이 다소 부족한 상태로 과실을 착과시키면 증손자덩굴의 신장이 억제되므로 덩굴의 발생속도가 늦어 덩굴제거 노력이 절약될 수 있고 과실비대가 진행되어 과실과 덩굴과의 양분경합이 줄어든 시기에 잎면적을 늘리면 품질손상도 크지 않을 것이라는 데 있다. 농가에 따라서는 순을 짧게 지르고 착과절 이후에 발생하는 손자덩굴을 방임하는 경우를 볼 수 있는데 이것은 식물의 생육이 강할 경우 웃자람의 원인이 되고, 시기가 늦어지면 덩굴정리에 많은 시간이 소요된다.

마 잎면적과 품질

잎은 광합성을 하는 기관이므로 잎의 크기와 면적이 과실의 크기와 당도에 미치는 영향은 매우 크다. 촉성 또는 반촉성재배에서 과실비대가 불량하거나 착과수의 확보가 어려운 것이 재배상의 문제점으로 지적되고 있지만 이것은 대부분 저온관리에 의한 잎면적 부족이 원인인 경우가 많다.

표31 노지멜론의 잎면적과 품질과의 관계(1972, 野中)

잎수(매/주)	주당 잎면적(㎠)	1과당 잎면적(㎠)	잎면적지수	평균과중(g)	당도(°Brix)
30	20,560	5,143	1.1	858	12.3
45	26,288	6,572	1.4	977	12.5
60	30,256	7,567	1.6	1,045	12.8
방임	36,704	9,177	1.9	989	12.9

※ 루버 2호(품종), 1주 2덩굴 유인. 덩굴당 2과착과

(표 31)은 노지멜론에서 잎면적과 품질과의 관계를 나타낸 것으로 과실 한 개당 잎이 15매(잎수 60매구)가 될 때 평균 과일무게가 높고 당도도 높은 것을

나타내고 있다. 참외는 과실당 잎이 10매는 되어야 품질이 좋은 것으로 알려져 있다. 방임구 즉 곁가지 정리를 하지 않은 구에서는 잎면적은 많았지만 영양생장 과잉으로 과실의 크기는 오히려 작았다.

이 표에서 알 수 있는 바와 같이 품질이 좋은 과실을 생산하려면 근본적으로는 어느 범위 이상의 잎면적이 확보되어야 하지만 곁가지를 너무 많이 남겨서 영양생장이 웃자람 상태에 이르면 과실과 잎, 줄기와의 사이에 영양에 대한 경합이 생겨 과실의 비대가 억제된다는 점이다.

04 착과와 과실 솎기

Growing oriental melon

가 알맞은 착과위치(착과절)와 착과수

착과는 6~7마디에서부터 10마디 사이에서 연속 착과시키는 것이 바람직하다. 이 범위에서 세력이 좋을 때는 6마디부터 착과시키고 세력이 약할 때는 한 마디 또는 두 마디를 더 올려서 8마디부터 시킨다.

착과위치는 과실의 비대와 관련이 깊다. 착과절 밑의 잎면적이 부족하면 과실비대가 억제되어 작은 과실이 생산된다. 저온기에 밤 최저온도가 10℃ 이하로 자주 내려가면 마디 길이가 짧아지고 잎 크기가 작아진다. 이러한 생육상황에서는 착과절 밑에 더 많은 잎 수를 남겨야 과실이 정상적으로 비대된다.

표32 **참외의 착과위치와 품질(1994, 부산원시)**

착과위치	평균수확일(월일)	평균과중(g)	당도(°Brix)	외관(1-5)
4-6	5.14	422	12.4	4.5
6-8	5.13	432	12.8	4.5
8-10	5.16	468	11.7	4.6

※ 외관 : 1(불량) -5(우수)
※ 아들덩굴 2덩굴재배, 17마디 적심

따라서 알맞은 착과위치는 식물 생육의 왕성한 정도를 보아가며 판단해야 되는 것이지만 일반적으로는 착과위치가 어느 범위에서는 높을수록 과실의 비대가 양호하다. (표 32)는 금싸라기은천참외를 가지고 착과위치별 평균과중이라든지 당도 등을 조사한 것인데 과실크기는 8~10마디 사이에 연속 착과시켰을 때가 가장 컸고 당도는 6~8마디에 착과시켰을 때가 좋았다. 낮은 마디에 착과시키는 이유가 일찍 수확하려는 데 있지만 평균수확일은 생각만큼 차이가 없었다.

착과수는 재배시기에 따라 다르다. 2월 중순 이전에 교배시킬 때는 덩굴당 과실 2개(한 포기에 4개)를 목표로 하고 2월 하순부터 3월 사이에는 덩굴당 3개(포기당 5~6과)를 착과시킨다. 그리고 4월 이후에 착과시킬 때는 덩굴당 4개를 달기도 한다. 참외는 한 덩굴에 많이 착과시킬 수는 있지만 식물생육이 약한 시기에 무리하게 착과시키면 과실이 작아지거나 기형과가 많이 생겨 상품수량이 오히려 적어지는 경우가 많다. 그러므로 작형이나 생육상태에 따라 착과수를 조절하는 것이 수량과 품질을 향상시키는 방법이다.

표33 **착과수와 과실의 품질 및 수량(1993, 부산원시)**

포기당 착과수	당도 (°Brix)	수확과수 (개/10a)	상품과율 (%)	상품수량 (kg/10a)	기형과 (kg/10a)	발효과 (kg/10a)
4	13.1	4,557	82	1,363	54	108
6	13.9	6,527	82	1,888	129	34
8	13.5	7,194	76	2,016	161	118

※ 금싸라기은천참외, 반촉성재배, 2덩굴 유인

(표 33)은 5월 하순 ~ 6월 상순에 수확하는 작형에서 아들덩굴 2개를 유인하고 덩굴당 착과수를 2, 3, 4개로 하여 수량과 품질을 비교한 것이다. 착과수를 늘리면 수량이 증가될 것으로 기대하여 많이 착과시키려는 경향이 있으나 온도조건이 좋은 작형에서도 한 덩굴에 4개 착과시키는 것은 상품과율이 낮아서 상품수량이 덩굴당 3개 착과시킬 때와 차이가 적었다. 덩굴당 2개를 착과시켰을 때는 과실은 컸으나 당도가 약간 낮았다.

착과방법

대부분의 농가가 생장조정제로 단위결실을 시키고 있다. 최근의 시험 결과에 의하면 벌을 이용하여 수정시킬 때 발효과가 적게 생기는 것으로 밝혀져 앞으로 벌 이용법에 대한 더 많은 검토가 있을 것으로 생각된다. 이 이외에 인공수분 시키는 방법도 있다.

(1) 생장조정제(착과제)의 처리
꽃가루를 암술머리에 묻혀주면 씨방 내부에서 수정이 이루어지고 이 수정된 씨에서 발생하는 생장조정물질의 자극에 의해 세포 분열이 왕성히 이루어지고 과실이 자란다. 생장조정제의 처리원리는 수정된 씨에서 발생하는 것과 같은 역할을 하는 물질을 인위적으로 공급하여 과실이 떨어지는 것을 억제하는 것이므로 이런 생장조정물질을 착과제라고도 부른다.

가. 착과제의 종류
참외의 착과에 효과가 있는 생장조정제의 종류는 토마토톤(4-CPA), 풀메트(포클로르페뉴론), 그로스(티디아주론) 등이 있으나 토마토톤에 지베렐린을 섞어서 쓰는 것이 착과효과도 좋고 또 안전하다.

참외에서 지베렐린(GA)은 착과효과보다는 토마토톤이 잘 묻도록 하는 전착제의 역할과 비대를 도우는 작용을 하므로 지베렐린 한 가지만 사용해서는 착과효과가 없다. 농가에 따라서는 토마토톤과 지베렐린 혼용액에 다시 NAA를 섞어서 쓰기도 하는데 NAA를 섞으면 과실비대는 좋지만 기형이 되기 쉬우며 과육이 질기고 당도가 떨어지는 경향이 있다.

처리농도가 높거나 처리량이 많으면 수확기경에 과피가 많이 갈라져서 품질을 크게 손상시키므로 가능한 한 쓰지 않는 것이 좋다. 벤질아데닌, 풀메트 등도 착과효과는 우수하지만 과피색이 약간 옅으며 특히 풀메트는 성숙소요일수가 길어지는 결점이 있다.

나. 착과제의 사용법 및 사용농도

착과제는 씨방에 발라주는 법, 열매꼭지에 발라주는 법, 꽃이나 씨방에 분무하는 법, 꽃을 포함하여 주위의 잎에 분무하는 법 등이 있으나 착과효과는 한 포기에 처리된 착과제의 성분량에 따라 좌우된다. 그렇다고 많은 양을 처리하거나 중복살포하면 새로 전개되는 잎이 바이러스에 걸린 것처럼 요철이 생기기도 하고 크기가 작고 또 굳어져서 과실의 비대가 억제되는 등의 약해를 유발하기 쉽다.

씨방에 발라주거나 과병에 묻혀줄 때는 과실에 묻는 양이 적으므로 농도를 높여야 처리효과가 확실하다. 소형분무기로 꽃에 살포할 때는 묻혀줄 때보다는 많은 양이 살포되므로 농도를 묽게 하여야 하며 배부식 분무기로 개화위치에 전면살포할 때는 농도를 더욱 낮추어야 한다. 여러 번 처리해야 할 경우에는 약액에 물감을 섞어 중복처리 되지 않도록 구별하는 방법을 쓰기도 한다.

생장조절물질의 착과효과는 온도와 밀접한 관계가 있다. 저온기에는 착과효과가 낮으므로 고농도로 처리하고 고온기에는 정상온도 처리 시보다 낮은 농도로 처리한다. 씨방에 바르거나 열매꼭지에 묻힐 때처럼 착과제를 고농도로 처리할 때는 많이 묻은 부분이 더 많이 비대하여 과실이 기형으로 자랄 염려가 있다.

처리시기는 개화당일이 가장 좋으나 암꽃의 개화 전일 또는 개화 다음날도 착과효과가 있다. 그러므로 되도록 단기간에 개화시켜 한 번만 처리하는 것이 노력도 절약되고 중복살포의 염려도 없다.

착과제는 토마토톤에 지베렐린을 혼용하여 사용하는 것이 가장 무난하다. (표 34)는 씨방에 분무처리할 때의 시기별 적정농도를 표시한 것으로 저온기에는 물 2ℓ(한 되)에 토마토톤 40~80㎖, 지베렐린 1.6g짜리 2캡슐을 넣고, 고온기에는 토마토톤 20~40㎖에 지베렐린 1~2캡슐을 넣어 약액이 흐르지 않을 정도로 가볍게 뿌려주면 된다.

표34 토마토톤과 지베렐린의 알맞은 농도

약 제 명	저온기(물 2ℓ당 약량)	고온기(물 2ℓ당 약량)
토마토톤	25~50배액(40~80㎖)	50~100배액(20~40㎖)
지베렐린	50~100ppm	20~50ppm

※ 씨방 분무처리 시의 농도

다. 착과제를 사용할 때의 주의점

○ 약액은 조제 후 시간이 경과함에 따라 착과효과가 감소하므로 한꺼 번에 많은 양을 만들지 말고, 사용하고 남은 것은 시원한 곳에 보관 한다.

○ 한 포기에 여러 번 처리하면 처음에 처리된 암꽃은 착과가 잘되지만 다음에 처리된 것은 착과효과가 떨어지는 경우가 있으므로 되도록 암꽃이 동시에 개화될 수 있도록 생육을 고르게 시킨다.

○ 약액을 처리할 때는 과피에 상처가 생기지 않도록 하고 분무 시는 압 력을 줄인다.

○ 전착제를 혼용하면 과피에 얼룩이 생기는 경우가 있으므로 가급적 사용하지 말며, 지베렐린을 빨리 녹이기 위해 소주를 희석하는 경우 가 있으나 알코올농도가 높으면 어린 과실이 열과되는 수가 있다.

(2) 벌 이용 수정법

개화 시에 꿀벌을 넣으면 자연적으로 수정이 되고 또 발효과의 발생이 줄어든다는 보고가 있다. 벌은 20℃ 전후의 온도에서 왕성하게 활동하여 착 과율을 높일 수 있고, 적어도 15℃ 이상은 되어야 활동을 시작하게 되므로 온도 확보가 중요하다. 그러나 고온이 되면 활동을 하지 않을 뿐만 아니라 폐사되므로 하우스 입구의 시원한 곳에 벌통을 놓아 아침 또는 오후의 적온 시간대에 활동하도록 하며 벌통을 넣어두는 기간에는 하우스 안이 지나친 고온이 되지 않도록 유의한다.

다 과실솎기

착과제 처리를 마친 뒤 이틀 정도가 지나면 과실이 비대하기 시작한다. 과실크기가 탁구공 정도가 되면 떨어질 염려가 없으므로 모양이 기형인 것을 먼저 솎아내고 정상인 과실을 연속해서 목표로 한 착과수만큼 남긴다. 과실이 길어 보이는 것이 비대가 양호하다.

라 착과 불량의 원인과 대책

(1) 증상

암꽃이나 수꽃이 개화하지 않은 채로 시들어 버려서 교배가 불가능하거나 정상적으로 개화하여 교배를 시켜도 착과율이 낮으며, 경우에 따라서는 비대 도중에 곯아서 떨어지고 만다.

(2) 원인 및 대책

가. 영양생장이 지나쳐서 암꽃발육이 불충분할 때

개화 전에 식물 생육이 너무 왕성하면 생식생장이 약해져서 암꽃의 발육이 빈약하여 수정이 되지 않는 경우가 많고 수정이 되어도 과실의 비대가 나쁘다. 이런 때는 일찍 순지르기를 하고 착과지 이외의 곁가지를 빨리 따주는 것이 착과에 도움이 된다. 교배기까지 순지르기가 안 되고 곁가지도 정리 안된 조건에서는 착과율이 상당히 떨어지므로 덩굴고르기, 순지르기는 교배 전에 마쳐야 한다.

나. 동화양분이 부족할 때

교배기 전에 흐린 날씨가 며칠간 계속되면 다른 조건이 정상이라도 광합성 양분의 부족에 의해 착과율이 떨어진다. 담천 또는 우천이 계속될 때에는 약한 광이라도 최대한 이용할 수 있도록 피복물을 일찍 벗기고 늦게 덮는 등의 피복물 관리를 하고, 낮에는 저온피해를 받지 않는 범위 내에서 약간의 환기를 시키는 등으로 광합성 양을 최대한으로 늘린다. 그리고 밤낮의 온도를 평소보다 다소 낮추어 호흡소모량을 줄인다.

다. 야간저온에 의해 암꽃이나 수꽃이 피해를 입었을 때

수정에 적당한 야간기온은 18℃ 정도이지만 최저 15℃ 이상은 필요하다. 생장조정제를 처리하여 착과시킬 때는 10℃ 정도라도 착과는 되지만 밤 온도가 5℃ 전후까지 떨어지면 발육 중의 꽃이 냉해를 입어 다음날부터 기온이 회복되더라도 며칠간은 착과율이 현저히 떨어진다. 그러므로 개화기에는 밤의 최저온도를 15℃ 이상은 유지해 주는 것이 바람직하다.

라. 꽃이 약해 또는 가스피해를 받았을 때

개화기를 전후하여 약해를 받거나 가스피해를 받으면 착과율이 많이 떨어지고 심하면 꽃이 개화하지 않게 된다. 응애 방제약은 약해가 나기 쉬우므로 조심하여 뿌리고 다른 약제도 개화시에는 가급적 살포를 억제한다. 뿌리지 않으면 안 될 경우에는 살포농도를 지키고 살포량을 약간 줄인다.

마. 착과 후에 과실비대가 정지하는 경우

착과 후에 새순이 왕성하게 자라는 조건이 되면 비대 중의 과실이 발육을 정지하여 낙과하는 경우가 있다. (표 35)는 손자덩굴 정리방법이 착과에 미치는 영향을 조사한 것으로 착과부위 윗부분의 손자덩굴을 전부 방임하였을 때는 착과가 잘되었다가 과실비대기에 영양생장과 생식생장의 경합에 의해 과실이 많이 곪아버리는 것을 나타낸다.

표35 **손자덩굴의 순지르는 방법이 참외의 착과와 품질에 미치는 영향(1993, 부산원시)**

손자덩굴	잎과 줄기의 생체중(g)	총 착과수	상품과수	기형과수	기타	상품과율 (%)
완전 제거	1,186	5.5	3.9	1.4	0.2	69
1덩굴 유인	1,850	5.9	4.8	0.7	0.4	82
전부 방임	2,860	1.7	0.6	1.1	0	36

05 열매솎기 후의
덩굴관리

Growing oriental melon

열매솎기를 한 다음에는 식물생육의 왕성한 정도가 너무 강하지 않게 유지한다. 착과지나 방임한 손자덩굴에서 증손자덩굴이 나오고 어미덩굴이나 아들덩굴의 밑부분에서 새순이 발생하기도 한다. 새 덩굴이 많이 나오는데도 그대로 방임하면 잎이 지나치게 어우러져 과실의 착색이 나쁘거나 물찬과의 발생이 많아진다. 포장전면에 과실이 군데군데 보일 정도가 적당한 상태이므로 초세가 강할 때는 덩굴을 알맞게 솎아주는 것이 좋고 적당하다는 느낌이 들면 덩굴 끝을 질러주는 정도로 한다.

새 덩굴을 전부 정리하여 버리면 뿌리의 발육이 나빠져서 수확기 경에 급성 시들음증상이 발생할 염려가 있다. 그러므로 항상 적당한 정도의 새순이 자라고 있는 상태가 품질 면에서나 생리장해를 예방하는 면에서 좋다.

06 시설 내 **환경관리**

Growing oriental melon

가 **시비관리와 품질**

시설재배 연작지의 토양화학성을 조사해 보면 대부분의 토양에 필요 이상
의 염류가 축적되어 있는 것을 볼 수 있고 지역에 따라서는 염류축적에 의해
초기생육이 심하게 억제되고 있다. 시설토양은 노지토양과 달리 빗물에 의한
비료성분의 용탈이 적기 때문에 작물이 흡수하는 양 이외는 대부분이 토양에
축적된다. 그런데도 아직 시설토양에 대한 토양관리 개념이 정립되지 않아서
인지 비료를 지나치게 시비하고 있는 경우가 많고 피해 또한 생각보다 훨씬 심
각하다.

단위수량을 생산할 때 참외가 흡수하는 성분량은 아직 보고된 것이 없으
나 참외와 작물적 특성이 비슷하고 수량에 거의 차이가 없는 멜론을 예로 들
면 10a당 질소 11~13kg, 인산 4~5kg, 칼리 16~17kg, 석회 18~22kg, 마그네슘
3~6kg이 흡수된다. 그러므로 시설재배에서는 1회작에 이 정도의 양만 보충해
주어도 무리가 없다고 본다.

시비량이 적정량을 초과하여 장해를 일으킬 정도가 되면 뿌리내림이 늦어
지고 심하면 말라죽게 된다. 이런 조건에서는 토양전염성병의 피해가 많아진

다. 뿌리내림이 되어도 과실비대가 지장을 받아 기형과의 발생이 많다. 생육후기에 토양온도의 상승에 따라 뿌리가 활력을 회복하면 이번에는 반대로 세력이 지나치게 강해져서 발효과나 물찬과의 발생을 증가시킨다. 그러므로 밑거름을 넣기 전에 토양의 전기전도도(EC)와 토양산도를 측정하여 시비량을 가감해야 한다.

표36 **채소에 대한 토양별 염류농도의 한계점(1964. 고지농시)**

토 양	고사 한계점의 EC			생육장해를 일으킬 수 있는 EC		
	오이	토마토	피망	오이	토마토	피망
사 토	1.4	1.9	2.0	0.6	0.8	1.1
충적식양토	3.0	3.2	3.5	1.5	1.5	1.5
부식질식양토	3.2	3.5	4.6	1.5	1.5	2.5

※ 토양 : 물= 1:2, 단위 : dS/m

(표 36)은 토양의 종류와 작물별로 염류농도가 생육에 피해를 주는 기준을 나타낸 것으로 참외는 조사치가 없지만 오이의 측정값보다 상당히 낮을 것으로 판단된다. 왜냐하면 오이가 참외에 비해서는 양분흡수량이 많은 작물이기 때문이다. 따라서 참외를 생육장해 없이 재배하려면 식양토(埴壤土)의 경우 전기전도도가 1.0을 초과하지 않는 것이 안전하다고 본다.

또 한 가지는 염류와 마찬가지로 시설재배토양의 토양산도가 필요 이상으로 높다는 점이다. 참외 재배토양은 토양산도 6.0~6.5 정도가 좋은데 7.0을 초과하는 토양이 의외로 많다. (표 37)은 토양별로 산도를 일정수준까지 올리는데 필요한 석회소요량을 나타낸다. 산도가 6.0 이상이면 석회질 자재를 넣지 않아도 된다.

표37 **pH 6.0까지 올리는 데 필요한 칼슘의 양**

토양의 산도	사토	사양토	식양토	식토
4.0	290	385	560	700
4.5	265	365	510	650
5.0	220	290	410	485
5.5	170	220	315	365

※ 단위 : kg/10a

나 햇빛과 품질

저온단일기에 시설재배를 할 때 생육에 가장 큰 영향을 미치는 환경요인은 햇빛이다. 참외는 호광성작물이기 때문에 햇빛이 부족하면 암꽃의 분화가 잘 안되고 착과율이 떨어지며 과실이 작고 당도가 떨어진다. 햇빛과 온도 면에서만 본다면 우리나라의 초여름 기후가 참외의 생육에 알맞다. 그런데 겨울은 햇빛이 약할 뿐만 아니라 비치는 시간도 짧다.

그리고 하우스를 피복하는 비닐은 피복 당시에는 햇빛을 대부분 투과시키지만 시간이 지날수록 광투과율이 떨어진다. 그러므로 주어진 햇빛을 최대한 이용할 수 있도록 커튼이나 보온용 피복재 등을 일찍 걷고 늦게 닫는다. 햇빛이 약할수록 밀식의 피해가 크기 마련이므로 촉성재배에서는 잎이 많이 겹치지 않을 정도로 심는 거리를 넓힌다.

다 온도관리와 품질

(1) 기온의 관리

참외는 대부분 무가온으로 재배하는 데 야간의 온도유지를 위해 낮에는 하우스를 밀폐하여 온도를 높이는 재배방법이 일반화되어 있다. 주산지의 재배실태를 보면 교배 10일 전쯤부터 약간의 환기를 개시하는 경우도 있어서 예전에 비하면 많이 개선되어 가고 있지만 아직도 밤 최저기온이 생육에 지장이 없을 정도로 높아지는 시기까지는 환기를 최소한으로 억제하는 온도관리를 하고 있다.

낮에 시설 내에 투입된 열량은 그 일부분이 토양으로 전달되어 지온을 높인다. 따라서 시설 내의 낮 온도가 높게 경과될수록 토양온도가 높아진다. 토양에 축열된 열은 밤에 기온이 지온보다 낮으면 공중으로 복사되어 기온이 떨어지는 것을 억제하는 역할을 한다. 참외 주산지에서는 혹한기에도 보온자재만으로 재배를 하기 때문에 밤 최저온도가 생육적온 밑으로 떨어질 수밖에 없다. 그래서 낮 동안 최대한 토양에 축열을 하여 밤에 생육적온대 이하로 온도가 떨어지는 시간을 최대한 짧게 하는 온도관리 방법을 쓰고 있다.

이러한 온도관리는 얼핏 생각하면 상당히 무리가 있는 것처럼 생각되지만 의외로 참외에서는 그렇게 큰 장해는 없다. 주산지에서의 온도관리방법과 수량, 품질과의 관계를 조사한 결과를 보면 관행적으로 많이 이용하고 있는 하우스 측면에 환기공을 뚫어 환기하는 시설에서는 식물체 부위의 온도가 가장 높게 올라갈 때는 58.5℃로 권취기로 말아올려 환기하는 방식에 비해 최고온도가 10℃나 높게 유지되었지만 참외를 어느 정도 정상적으로 수확할 수 있었다(표 38).

표38 터널형 참외하우스의 환기방법에 따른 품질 및 수량(1996. 성주과채류시험장)

환기방법	평균과일 무게(g)	당도(°Brix)	상품수량 (kg/10a)	기형과(%)	발효과(%)
측면환기공	334	12.9	3,218	69.7	13.2
측면환기+천정환기공	356	12.2	3,334	72.3	13.2
권취식 환기	369	12.7	3,580	80.4	8.5

※ 측면 환기공 : 지상 25cm 높이에 직경 30cm 환기공을 1m 간격으로 뚫음.
  천정 환기공 : 상부직경 30cm, 하부직경 40cm 플라스틱 환기통을 5m 간격으로 설치
  권취식 환기 : 20~25cm 폭으로 반자동식 환기
※ 품종 및 수확기간 : 금싸라기은천참외, 4~7월

천창 환기   권취식 측면 환기

그러나 6월 이후 측면환기공 하우스와 측면환기공에 천창환기를 겸한 하우스에서는 낮 고온에 의해 착과율이 떨어졌고 기형과와 발효과의 발생이 증가하여 상품수량이 감소하였다.

낮에 이렇게 고온으로 관리하는 방식은 저온기에 무가온으로 재배를 가능하게 하는 이점은 있지만 위의 조사결과에서 보듯이 품질 면에서는 결코

바람직한 방법이라고 볼 수는 없다. 그렇지만 온풍난방은 설치비와 운영경비가 소요되기 때문에 지금까지 무가온으로도 큰 무리 없이 재배해 온 농가에서는 가온재배를 받아들이기가 쉽지 않다.

부산원예시험장에서는 낮 온도 관리방법과 참외의 생육, 수량, 품질과의 한계를 수년간 연구하였는데 10:00부터 15:00까지의 낮 온도를 30, 35, 40℃로 그리고 밤 온도를 11, 16℃ 다르게 관리한 결과, 낮 고온관리를 하면 숙기는 단축되지만 과실의 크기가 작아지고 특히 과실길이에 비해 폭이 좁고 어깨가 빠지는 상품성이 낮은 과실이 생산되는 것을 확인할 수 있었다. 또한 과실의 착색이 불량하였는데 이러한 경향은 밤낮의 온도가 높을수록 심하였다. 교배기 및 수확기까지 걸리는 기간은 낮 온도보다 밤 온도의 영향이 커서 밤 온도를 높게 관리할 때 생육이 왕성하고 수확기가 촉진되었다.

이와는 반대로 밤낮 모두 저온관리를 하면 과실이 짧아지고 골이 깊어지며, 과실색이 짙어져서 외관상의 품질이 우수하였다. 그러나 수확기가 늦어지는 것이 큰 결점이었다.

밤 온도가 낮을 때는 낮 온도를 높게 관리하면 효과가 있었다. 그렇지만 낮 온도 35℃ 이상에서는 수량이나 품질에 마이너스의 영향이 커서 과실의 비대가 시작되면 낮 온도는 35℃를 상한으로 관리하는 것이 좋다. 밤 온도는 최저 11℃ 이상만 유지하면 착과나 상품생산에 큰 지장이 없다.

주산지의 시설 내 온도분포를 보면 혹한기에는 밤 온도가 10℃ 이하로 경과되는 시간이 상당히 많이 있는 것을 볼 수 있고 아침 최저온도가 5℃까지 떨어지는 경우도 있다. 이런 시기에는 생육에 다소 무리가 가더라도 낮 온도를 높이는 것이 유리하지 않을까 생각되지만 정확한 조사를 거치지 않고는 결론을 내릴 수가 없다.

참외의 주산지에서 겨울에도 무가온재배가 가능한 것은 보온력이 높은 피복자재를 사용하고 있기 때문이다.

(2) 지온의 관리

참외의 알맞은 지온은 20~25℃인 것으로 알려져 있고, 최저로 필요한 지온은 호박대목에 접목하였을 때는 14℃, 제뿌리재배일 때는 16℃ 이상이다.

저온기에 온도가 낮을 때는 지온이 생육에 미치는 영향이 더욱 크기 때문에 경북지역의 촉성재배에서는 지중가온재배가 검토되고 있다.

표39 지중가온이 참외의 생육, 수량, 경제성에 미치는 효과(1998, 성주과채류시험장)

설정온도(℃)	아주심기 30일 후의 생육		아주심은 후 수확 소요일	상품수량 (kg/10a)	경영비 (천원/10a)	소득 (kg/10a)
	초장(cm)	잎 수				
무가온	39	24	92	1,432	1,204	1,225
15	55	27	84	2,329	2,854	1,362
20	84	35	80	2,389	2,949	1,400
25	98	36	81	2,837	3,319	1,333

※ 금싸라기은천참외를 신토좌에 접목재배, 1월 20일에 아주심기함

지중가온으로 온도를 유지하는 방법은 그 원리가 낮 동안의 고온관리와 크게 다르지 않고 밤 온도를 안정적으로 유지할 수 있으면서도 운영경비가 온풍난방에 비해 적게 들고 또 낮 온도를 지나치게 높이지 않아도 된다는 면에서 실용적인 재배방법이다.

(표 39)는 주산지의 관행하우스에서 지중가온의 효과를 무가온재배와 비교한 것이다. 지중가온은 엑셀파이프를 지하 35cm 깊이에 매설하여 40~45℃의 온수를 순환시킨 것인데 가온의 효과가 뚜렷하지만 지온을 25℃로 설정한 처리에서는 식물체가 일찍 노화하여 후기의 수량이 많이 떨어졌다.

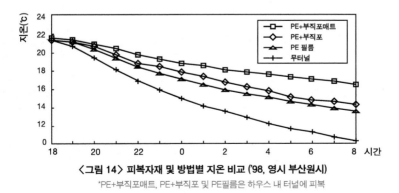

〈그림 14〉 피복자재 및 방법별 지온 비교 ('98, 영시 부산원시)
*PE+부직포매트, PE+부직포 및 PE필름은 하우스 내 터널에 피복

(그림 14)는 보온피복재의 보온효과를 검토하면서 지온을 측정한 것인

데, 지온은 두께 0.03mm의 PE필름으로 멀칭한 이랑의 지표 아래 10cm지점의 온도를 측정한 것이다. 지온은 기온만큼의 보온효과는 없었으나 해진 후 시간이 경과할수록 피복재의 피복효과가 크게 나타났다.

아침에는 피복재를 걷어주기 때문에 오후가 되면 지온은 처리에 관계없이 거의 같아지게 된다. 그러다가 밤에 외기온이 떨어지기 시작하면 지온도 영향을 받아 강하하기 시작하지만 보온효과가 높은 피복재를 덮은 곳에서는 강하속도가 그만큼 늦은 것을 알 수 있다.

(3) 하루 중의 온도관리

하루 중의 온도관리 기준은 해가 뜨면 최대한 빨리 기온이 광합성적온에 도달되도록 하고 낮에는 하우스 내의 온도가 35℃를 넘지 않게 관리한다. 오후가 되면 오전 중에 비해 온도를 다소 낮추며 해진 후 밤 10시까지는 광합성산물의 전류에 필요한 온도 즉 20℃까지는 온도를 높게 유지한다. 낮 온도가 생육적온에 가까우면 이후에는 12℃만 유지해 주어도 충분하다.

이와 같이 관리하는 것이 바람직하지만 무가온재배에서는 이렇게 관리하는 것이 사실상 불가능하므로 실제로는 아침 해가 뜨면 부직포매트만 벗겨서 터널 내의 온도를 높이고 실내온도가 25℃ 정도가 되면 터널비닐을 벗긴다. 부직포와 비닐을 동시에 벗기면 터널 내의 기온이 급격히 떨어지는 경우가 있고, 기온을 유지할 목적으로 부직포를 늦게 벗기면 투광시간이 짧아져서 생육에 지장을 초래한다.

그리고 오후에 외기온이 떨어지기 시작하면 비닐을 먼저 덮어서 온도를 유지하고 터널 내의 온도가 20℃ 이하로 내려가기 전에 부직포를 씌워 보온하는 방식으로 관리한다.

(4) 생육시기별 온도관리

생육 전 기간을 통해 밤 온도는 18~20℃가 가장 적당하지만 저온기에 이러한 온도를 유지하는 것은 경제성이 떨어지므로 무가온재배에서도 최저로 필요한 온도는 유지될 수 있도록 보온방법의 개발이나 지중가온방법의 이용 등을 고려할 필요가 있다. (표 40)에서는 온수파이프를 지하 35cm에 매설한 시험의 결과이지만 파이프를 멀칭비닐 밑에 깔거나 약간 덮일 정도로 묻을 경우 난방비가 더 절감된다는 사례도 있다.

표40 참외의 생육단계별 온도관리 기준

생육단계	시 기	낮 온도(℃)	밤 온도(℃)	최저 필요온도(℃)	
				기온	지온
아주심는 시기	아주심기 10일 전부터	밀폐	밀폐	밀폐	밀폐
활 착 기	이주심기부터 7일간	28~33	〃	16	18
덩굴 신장기	아주심기 후 7~25일	25~30	18~20	12	16
교 배 기	개화 전후	25~33	〃	15	18
과실비대기	착과 후 25일간	28~33	〃	15	18
성 숙 기	수확까지	23~28	〃	12	16

일부지역에서는 착색을 촉진할 목적으로 수확기 경에 고온관리를 하는 경우를 볼 수 있다. 온도가 참외의 생육적온을 넘어서면 광합성에 의한 동화양분의 생산량보다 호흡의 증가에 의한 양분의 소모량이 많아진다. 따라서 착색은 빨라지나 과피색이 연하여 외관이 그만큼 나빠지는 것이기 때문에 바람직한 방법이라고 볼 수 없다.

참외와 같은 고온성 작물의 온도관리에 대해서는 아직 충분히 해명되지 못한 부분이 있고 또 온도관리에는 비용이 소요되므로 경제성을 고려할 때 어떻게 관리하는 것이 가장 좋은지 아직 정립되어 있지 않다. 그렇지만 품질이 우수한 참외를 생산하려면 생육적용을 크게 벗어나지 않는 온도관리를 하는 것이 좋다.

라 토양수분 관리와 품질

저온기에 참외를 시설 내에서 재배하는데 있어서 관수는 과실의 수량과 품질뿐만 아니라 토양온도 및 양분의 이동과 집적 등에도 영향을 주며, 또한 물 주는 방법과 자재의 선택에 따라 노력을 절감시킬 수 있다. 특히 관수량을 적절히 조절함으로써 최근 참외 시설재배에서 문제시되고 있는 발효과 발생을 줄일 수 있다.

참외는 대체로 열매에 90~93%의 수분을 함유한 고온성 작물로서 실제 양분과 수분흡수에 관여하는 가는 뿌리가 지표 10~25cm 부근에 많이 분포하는 천근성 작물로 생육시기에 따라 수분요구도가 달라 시기별로 적절하게 조절해 주어야 한다. 아울러 어떤 대목(臺木)으로 접목했느냐에 따라 뿌리의 흡수특성이 달라지므로 물관리도 달라져야 한다.

(1) 관수장치 선택 및 설치방법

관수장치를 선택할 때는 균일하게 관수할 수 있고, 설치비용이 저렴하고, 시설 내 작업에 불편을 주지 않으면서 사용이 간편하고, 보수가 쉬우며 물주는 양을 쉽게 파악할 수 있는 것이 좋다. 현재 참외 주산지에서 이용하고 있는 관수방법으로는 분수호스, 고랑관수, 일반호스, 점적형관수 등 다양하게 이루어지고 있으나 각기 장단점이 있다. 저온기 시설재배 시에는 균일한 관수가 가능하고 토양수분과 지온의 급변을 방지하며 물의 손실을 막을 수 있는 점적형 관수가 바람직하다.

설치요령은 먼저 하우스의 면적, 이랑과 설치 라인 수, 물 공급능력, 수원(水源)과의 거리 등을 감안하여야 하고, 여과기를 설치하여 여과시켜 사용하는 것이 바람직하다. 필요에 따라서는 액비혼입기를 부착시키면 시비관리가 편리해진다.

이랑 내 점적호스의 설치방법은 참외를 정식할 이랑을 최대한 면을 고르게 만들고, 이랑에 연결형 접적호스를 4열 정도(분수호스 사용 시는 2열)설치한다. 이때 연결형 점적호스의 관수구 간격은 최대한 간격이 좁은 것이 좋다. 점적호스 설치가 끝나면 그 위에 비닐멀칭을 하는데 이는 물을 줄 때 물이 줄기와 잎에 묻지 않게 하여 덩굴마름병 등의 병 발생을 억제하기 위해서이다.

설치작업 시 주의할 점은 점적호스에 상처가 나지 않도록 해야 하며, 관수 시 세밀하게 관찰하여 상처가 난 부위가 확인되면 호스를 교체하거나 하우스테이프 등으로 붙여 물이 새지 않도록 한다.

(2) 관수조절방법

토양 내 수분을 잘 관리함에 있어서 기본적으로는 시설 내 환경 및 작물의 특성, 재배토양의 물리적 성질, 지하수위의 높낮이, 수분상태를 우선 파악하는 것이 중요하다. 시설하우스 내에는 강우가 차단되고 노지재배에 비해 온도가 높아 증산이 많이 일어나고, 기온이 지온보다 높게 유지되어 지상부의 생육에 비해 뿌리의 발달이 빈약해짐에 따라 수분흡수가 증산을 못 따라가 작물체내 수분균형을 유지하기가 어렵다.

관수시기는 작물체내 수분상태를 정확히 판단하여 결정하는 것이 바람직하지만 현실적으로는 주로 육안이나 토양수분 장력을 측정하여 결정하는 실정이다. 1회 관수량은 참외의 뿌리가 많이 분포하는 부위를 대상으로 유효수분량을 뺀 후 유효수분층의 수분소비비율을 감안하여 결정하는 것이 원칙이나 이러한 관수량 산출은 전문적인 지식이 요구되어 일반 재배자가 이용하기에 다소 어려움이 있다.

대체적으로 발효와 과면오점과의 발생과 당도의 증가 등 품질향상을 위해서는 1회 관수량을 다소 적게 하여 자주 관수하는 쪽이 유리하다. 즉 1회 관수량은 토성에 따라 차이가 있지만 5~10mm 내외(10a당 5~10톤)가 적당하다. 이 범위 내에서 사질토양에서는 적은 양을 자주 주는 것이 좋고 점질토양에서는 한 번에 많이 주고 관수간격을 길게 하는 것이 좋다.

하루 중에 물주는 시간은 해 뜬 후 하우스 내 기온과 지온이 높아지는 오전 10~12시 사이가 좋다. 오후 늦게 물을 주면 지온을 떨어뜨리고 야간에 잎에 물기를 머금어 참외에 병 발생이 많아질 수 있으므로 주의해야 한다.

(3) 생육단계별 토양수분관리

참외의 합리적인 수분관리를 위해서는 포장 전체의 생육이 고르게 되도록 관리하여 생육단계를 어느 정도 식별할 수 있어야 하는데 현실적으로는 동일 포장 내에서 생육의 차이로 인해 생육단계를 정확히 구분하기가 쉽지 않고 1회 관수로 인해 그 영향이 다음 생육단계로 이어질 수 있다.

따라서 토양수분 장력계를 이용하여 토양수분 변화를 측정하거나 토양과 기상여건을 감안한 토양수분의 변화를 예측하는 등 부가적인 요소들도 활용하는 것이 중요하다. 생육단계별 기본적인 토양수분 조절방법은 다음과 같다.

가. 아주심기에서 덩굴신장기까지

아주심을 때는 포트의 뿌리 부분이 본밭의 토양에 잘 밀착되도록 충분히 관수하고 교배기까지 최대한 적게 관수하여 뿌리가 깊은 곳까지 뻗어 나가도록 조절한다.

뿌리내림 후에는 토양에 따라서는 관수를 하지 않아도 되나 지하수위가 낮거나 사질토양이나 양·수분의 흡수능력이 낮은 홍토좌계통의 대목에 접목한 경우에는 생육상태에 따라 1~2회 관수를 실시해야 한다. 만일 이 시기에 온도가 높고 수분이 많은 상태로 관리하면 웃자라게 되어 착과도 불량해지고 뿌리의 신장에 비해 지상부의 생육이 많아 생육 후반기에 초세가 급격히 떨어진다.

나. 착과기에서 과실비대기까지

개화 전부터 과실비대기까지의 토양수분관리는 참외의 수량과 품질에 절대적인 영향을 미친다. 즉 이 시기에 어떻게 얼마나 물을 주느냐 하는 것은 당도, 육질, 향기, 색깔, 크기와 형태, 발효과 발생에 크게 관여한다. (표 41)과 (그림 15)는 금싸라기은천참외를 재배하면서 교배 10일 전부터 교배 후 20일까지 30일 동안 토양수분을 다르게 관리하여 토양수분 함량이 과실비대와 품질에 미치는 영향을 조사한 것이다.

표41 **관수개시점별 과실특성('96, 부산원시)**

관수점(kPa)	평균과중(g)	과장(mm)	과경(mm)	오점도 (0-4)	당도(°Brix)	발효도 (0-4)
10	456	123.5	80.7	0.80	13.5	1.17
20	398	119.0	78.5	0.46	14.4	0.25
30	382	118.9	77.4	0.45	15.3	0.11
50	324	108.8	74.2	0.20	15.2	0.08

♩오점도 : 0(없음) -4(심함), ♪발효도 : 0(정상과) -4(심함)

※ 1회 관수량 5mm, 10mm 평균치임

※ 금싸라기은천참외, 2월 26일 아주심기, 미사질 양토

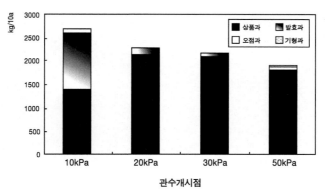

〈그림 15〉 관수개시점에 따른 수량(1회 관수량 5~10mm 평균치임)

　토양수분 함량이 10kPa(pF 2.0 : 다관수)에 도달했을 때 관수한 곳에서는 30일 동안에 90mm(10a에 90톤)가 관수되었고 가장 건조하게 관리한 50kPa(pF 2.7)에서는 교배 10일 전부터 개화 후 20일까지 토양수분함량이 관수개시점에 도달하지 않아서 한 번도 관수되지 않았다.

　과실크기는 관수량이 많을수록 크고 총수량도 많았으나 다습상태로 관리하였을 때는 과실표면에 여드름 모양의 얼룩점(과면오점과)이 많이 생기고 당도가 낮았다. 특히 발효과의 발생이 많아서 상품수량이 가장 적었다.

　이 실험은 2월 말에 아주심기한 반촉성작형으로 하였고 또 실험한 토양은 미사질양토로서 물빠짐이 좋은 토양이다. 그러므로 주산지에서 많이 재배하는 촉성작형보다 재배시기 면에서나 토양 면에서나 물을 많이 주어야 하는 재배조건이었지만 물을 많이 주었을 때는 한 번도 주지 않았을 때보다 상품수량이 적었다. 건조하게 관리한 50kPa에서는 기형과의 발생이 약간 있었다. 따라서 이 시기에는 토양수분이 지나치게 많거나 부족하지 않도록 관리해야 한다.

다. 성숙기

　과실의 비대가 거의 완료된 후에는 물을 줄여서 양분의 흡수를 억제시킨다. 수확기까지 양분흡수가 활발하게 진행되면 숙기가 늦어지고 당도가 낮아지며 열과가 생길 수도 있다. 수확기 경에는 맑은 날의 한낮에 잎이 약간 시들어도 오후에 회복될 정도면 아무 지장이 없다. 토양에는 이미 전에 관수한 수분이 있고 또 지하로부터 공급되는 수분이 있기 때문에 관수를 하지 않아도 상당 기간 견딘다.

수확기에는 양·수분의 흡수를 억제하는 것이 당분의 축적을 촉진시킨다. 그러나 과실은 수확할 때까지 적은 양이기는 하지만 비대를 계속하기 때문에 지나치게 토양을 건조시키면 오히려 역효과가 생긴다. 성숙기의 초세가 약하거나 사질토양을 지나치게 말리면 급성시들음증상이 생기는 경우도 있으므로 관수를 억제하는 정도는 토양과 초세를 보고 판단한다. 반대로 초세가 강할 때 토양수분이 많으면 당도가 잘 오르지 않고 물찬과의 발생이 많아지므로 주의한다.

07 수확과 출하

Growing oriental melon

참외의 수확기는 온도관리방법에 따라 차이가 생기지만 대체로 저온기에는 교배 후 37~40일, 고온기에는 27~30일이 수확적기가 된다. 참외는 태좌부부터 당도가 오르기 시작하는 것이 특징이며 완전히 성숙되어야 품종 고유의 색깔이 나타나며, 육질도 다소 부드러워지고 단맛이 증가한다.

과피색의 발현은 적산온도와 관계가 깊어서 과실표면이 어느 일정한 온도를 경과하여야 착색이 촉진되는데 일부 농가에서는 색깔이 빨리 나게 하려고 성숙기에 고온관리를 하고 있으나 이와 같은 방법은 착색촉진 효과는 있으나 과피색을 엷게 하고 당도를 떨어뜨리며 저장성을 나쁘게 하는 등 품질에는 역효과를 가져온다.

하루 중의 수확시간도 품질에 영향을 주는데 온도가 높은 한낮에 수확하여 포장하거나 쌓아두게 되면 과실온도가 올라가서 과실표면의 흰 줄무늬색이 빨리 변하고 과육이 물러져서 유통가능기간이 단축된다. 그러므로 과실온도가 낮은 아침나절에 수확하여 출하하든지 오후에 수확한 후 밤사이 과실온도를 식힌 다음에 포장하여 출하한다.

금싸라기은천참외와 같은 단성화 계통의 품종은 과육이 발효하거나 속에 물이 차기 쉬운 결점이 있다. 참외를 물에 담가 열 골 중에 세 골이 분명하게 뜨는 것이 정상 과실이고 두 골 이하로 뜨는 것은 발효과 또는 물찬과실로 이러한 과실은 만져보면 딱딱한 느낌이 들고 두드리면 맑은소리가 난다. 그리고 크기에 비해 무겁게 느껴지며 꼭지 절단면에서 즙액이 많이 나오는 과실이 출하되지 않도록 출하 전에 반드시 확인해야 생산자나 주산지의 명성을 유지할 수 있을 것이다.

제 VIII 장
생리장해 원인과 대책

시설재배에서 생리장해가 많이 발생하는 것은 저온기에 생육환경을 고려하지 않은 채 무리하게 작기를 앞당김으로써 야간의 저온과 주간의 환기불량에 의한 고온 등 온도환경 불량, 겨울철의 일조량 부족, 연작과 다비재배에 의한 토양 양분과 수분의 불균형 등이 주원인이다. 생리장해는 발생하고 난 다음에는 대책을 세우더라도 이미 피해를 받은 이후이다. 그러므로 생리장해를 효과적으로 줄이기 위해서는 생육초기부터 세심한 관리가 필요하다. 따라서 각 생리장해의 발생원인을 알고 그것이 발생되지 않도록 시설 내 환경관리를 철저히 해야 할 것이다.

1. 과육이상과(발효과)의 원인과 대책
2. 열매에 나타나는 장해
3. 잎과 줄기에 나타나는 장해
4. 가스발생에 의한 장해

01 과육이상과(발효과)의 원인과 대책

Growing oriental melon

참외의 과육에 이상이 있어 상품가치를 떨어뜨리거나 판매할 수 없는 과실을 모두 발효과라고 부르고 있으나 장해증상에 따라 몇 가지로 구분할 수 있다. 즉 태좌부와 과육의 일부가 수침증상으로 변하고 알코올 냄새를 풍기는 것, 과육에는 이상이 없으나 태좌부에 물이 가득 고여 있는 것, 과육은 단단하지만 갈색으로 변한 것, 과육이 무른 것 등이 있다. 이러한 장해증상은 발생 원인이 다르므로 별도의 명칭으로 부르는 것이 타당하다고 생각되어 나누어 설명하고자 한다.

가 발효과

(1) 증상

외관상으로는 특별한 증상이 없으나 과실을 절단해 보면 태좌부와 그 인접된 과육이 수침상으로 갈변된 것이 있다. 피해가 심해지면 과육부까지 변색하며 심하게 발효된 것은 냄새가 나며 단맛도 떨어진다. 이러한 현상은 수확 1주일 내지 10일쯤 전, 즉 황숙기 이후에 주로 발생한다.

과숙되어서 과실이 고르게 발효되는 것을 정상발효, 어떤 원인에 의해 과실의 외벽부(과피에 가까운 부분)는 더디 익고 내벽부 및 태좌 부분은 먼저 익는 현상 즉 참외의 속이 먼저 익는 현상을 이상발효라고 한다. 정상과는 태좌 색깔이 흰색을 띠고 태좌 부분이 비어 있지만 이상발효과는 누런색을 나타내며 태좌부에 물이 차는 경우도 있다. 이런 과실을 물찬과라고 한다.

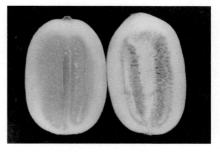

발효과   정상과

(2) 이상 발효과의 판단요령

수확한 참외를 출하할 때 일반농가에서 판단하는 방법은 물에 담가 3골 이상이 확실하게 물 위로 뜨면 대체로 정상과이고, 1골 정도 뜨거나 가라앉는 것은 이상발효과 또는 물찬과로 판단하기도 한다. 또한 2골 내지 2.5골이 뜨는 것은 경미하지만 발효가 진행되는 것으로 판단한다. 이상발효과는 물에 담가 보지 않아도 크기에 비해 꽤 무거운 느낌이 든다. 발효가 진행된 태좌부와 과육이 물러진 표피 부근의 파육은 정상과보다 단단하며 손가락으로 두드려보면 정상과는 "툭툭" 둔탁한 소리가 나고 이상발효과는 "딱딱"하는 맑은 소리가 난다.

(3) 원인

저온, 일조부족, 세력이 강한 대목과 접목, 석회 부족, 질소흡수 증가에 의한 과실 내의 탄수화물대사의 교란, 과피경화에 의한 과육의 호흡억제와 무기호흡에 의한 과육에 에틸알코올이나 아세트알데히드의 생성, 생장조정제에 의한 착과 등이 발효과의 원인으로 거론되고 있다.

발효과는 첫째, 저온과 일조부족으로 성숙이 지연되면 과피가 경화되어 과육에 비해 과피의 성숙이 늦어지고, 과실의 산소흡수가 억제되어 과육 내에 발효현상이 일어난다.

둘째, 세력이 강한 대목에 접목재배를 하거나 초세에 비해 착과수가 적을 때, 또는 시비량이 많거나 토양수분이 많아 질소성분이 과잉흡수되어 체내에 질소농도가 높아지면 웃자람을 초래하여 발효과가 생긴다.

셋째, 시비과다 또는 연작으로 염류가 축적되어 토양 암모니아태질소의 농도가 높아지거나 칼리가 집적되면 흡수길항작용에 의해 석회의 흡수가 억제되는데 이런 조건에서는 과육에 석회함량이 부족하여 발효과 발생이 증가한다.

일반적으로 과실비대기의 온도가 낮을 때 발효과 발생이 현저히 많아서 촉성재배와 반촉성재배 작형에서 발효과가 많이 생기고, 접목재배에서 발생이 많다. 품종의 유전적인 특성도 발효과와 관계가 있어서 비슷한 재배환경이라도 품종에 따라 발효과 발생에 상당한 차이가 있다.

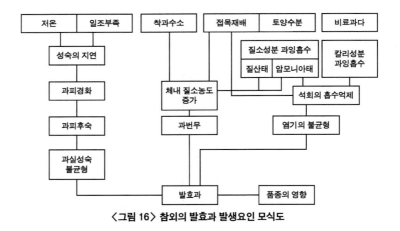

〈그림 16〉 참외의 발효과 발생요인 모식도

가. 저온

열매가 자라 익어 가는 도중 생육온도가 낮으면 안쪽은 서서히 익지만 과피는 굳어져 과실 내의 석회의 이동을 방해하여 과실 내의 팽압(內部壓力)을 높여서 세포의 붕괴를 초래하는 것으로 추정하고 있다.

일반적으로 억제재배와 촉성재배 등 저온기 재배에서는 숙기가 지연되고 당도가 낮은 반면에 발효과 발생률은 높은 경향이 있다.

나. 일조부족

약한 햇빛하에서 자란 참외는 빛을 많이 받은 참외보다 이상발효과의 발생률이 높다. 이는 약광 또는 차광으로 시설 내 온도가 낮아지고 과실 표면 온도가 낮아서 성숙기까지의 기간이 길어져서 발효과가 발생하는 것으로 해석되고 있다.

표42 **온도관리가 발효과 발생에 미치는 영향(1990, 강원대)**

작형	온도관리	평균과중(g)	발효과 발생		당도 (°Brix)	수확 소요일수
			발생률(%)	발생도		
억제재배	고온구	319	4.7	3.9	14.5	103~116
	저온구	347	32.1	24.3	12.3	116~132
촉성재배	고온구	164	4.0	3.0	14.7	107~119
	저온구	185	59.1	46.8	13.1	113~126

표43 **수광량이 발효과 발생에 미치는 영향 (1990, 강원대)**

차광정도(%)	발효과 발생률(%)	발생도
10	51.5	17.5
20	71.0	27.0

다. 질소비료의 과다

질소질 비료를 과다사용하면 덩굴이 무성해지고 길항작용(상호 흡수 억제작용)에 의해 칼슘의 흡수가 억제되어 이상발효과가 발생한다. 질소질비료를 웃거름으로 사용할 때 시기의 조절이 중요한데, 웃거름이 늦어지면 과실성숙기에 덩굴이 무성해지고 칼슘의 흡수가 곤란해지기 때문에 발효과의 발생이 심하게 된다.

표44 **질소 시비량의 차이가 과실수량 및 발효과 발생에 미치는 영향('90, 강원대)**

시비량(kg/10a)	발효과 발생률(%)	포기당 착과수(개)	포기당 과일무게(g)
10	12.3	7.3	3,868
20	22.3	7.1	3,632

라. 대목의 영향

대목의 종류에 따라 다소의 차이는 있지만 접목을 하면 대체로 비료의 흡수 능력이 강해져 이상발효과가 발생하기 쉽다. 그러므로 접목재배 시에는 가급적 덩굴쪼김병에 대한 방제효과가 높으면서 흡비력이 약한 대목을 선정하는 것이 바람직하다.

신토좌호박을 대목으로 사용한 경우는 이상발효과의 발생률이 가장 높고, 꽃호박 계통과 제뿌리재배는 적게 발생하는 편이다. 그러나 꽃호박과 같은 대목은 저온기와 고온기에 뿌리가 쇠퇴하고 지상부 생육이 불량해지기 때문에 고온기 재배나 지나친 저온기재배 작형에서는 고려되어야 한다.

표45 **발효과 발생에 미치는 대목의 영향('96, 부산원시)**

품종	대목	과일무게(g)	당도(°Brix)	발효과율(%)	발효도 (0-4)
금싸라기 은천참외	신토좌	372	13.4	22.6	0.63
	홍토좌	300	14.7	2.3	0.08
	멜론공대	272	14.7	2	0.04
	자근묘	284	15.2	0	0.03

♩ 0(건전) -4(심함), ※ 토양수분 조건 : 다소 건조한 상태

마. 정지와 착과의 영향

참외는 덩굴 고르기 방법 및 착과수, 시비량과 시비시기, 관수 여부 등에 따라 초세가 달라지게 된다. 초세가 강하면 과실이 잎에 둘러싸여 과실표면 온도의 상승이 더디어 과실의 외피는 늦게 익고 안쪽은 정상적으로 익어서 이상 발효과가 발생하게 된다.

착과의 위치는 아들덩굴의 6절부터 착과시키는 것이 원칙이지만 일반 농가에서 조기수확을 목적으로 이보다 하위절에 착과시키는 경우는 발효과의 발생률이 높아진다. 그러나 착과수가 많으면 과실의 크기는 작아지고 당도도 다소 떨어지나 이상발효과 발생률은 낮아진다.

표46 **착과마디와 과실품질 및 발효과, 기형과 발생('94, 부산원시)**

착과마디	평균 과일 무게(g)	당도(°Brix)	발효과율(%)	기형과율(%)
4~6마디	422	12.4	31	8
6~8마디	432	12.8	22	7
8~10마디	468	11.7	24	3

　　초세가 강해 덩굴이 너무 무성하여 이상발효과 발생이 염려되면 착과수를 늘리는 것이 좋다. 그러나 과다 착과가 되면 후기에 급성시들음증이 염려되므로 초세를 보아가며 참외가 착과되지 않은 손자덩굴 1~2개 정도를 순지르기하지 말고 그대로 기른다.

표47 **착과수가 발효과 발생에 미치는 영향('90, 강원대)**

착과수	발효과		당도(°Brix)	수량 (kg/20주)	평균 과일 무게(g)
	발생률(%)	발생도			
다	19.4	15.1	12.2	100.5	596
소	67.2	58.0	13.1	75.5	733

바. 토양수분의 영향

　　토양수분이 적절하게 유지된 포장에서는 수분흡수는 물론 질소, 인산, 칼리 및 칼슘이 알맞게 흡수되어 덩굴이 무성하게 웃자라지 않는다. 그러나 토양이 지나치게 건조하면 칼슘 흡수가 잘 안되며 이때 갑자기 비가 오거나 관수를 하면 수분과 질소가 과잉 흡수되고 칼슘의 흡수는 저해되어 이상 발효과의 발생률이 높아진다.

　　(표 48)은 토양수분과 이상발효과 발생률과의 관계를 나타낸 것으로 수분이 많은 토양(10kPa)에서는 수분이 적당한 토양(30kPa)에서 보다 과실의 생장은 좋았지만 발효과 발생이 높고 당도가 낮았다.

표48 **토양수분이 품질과 발효과 발생에 미치는 효과('96, 부산원시)**

관수점(kPa)	평균 과일 무게(g)	발효도 (0-4)	당도(°Brix)	발효과율(%)
10	456	1.17	13.5	44.5
20	398	0.25	14.4	5.6
30	382	0.11	15.3	2.6
50	324	0.08	15.2	1.4

♪발효도 : 0(정상과) - 4(심함)

※ 1회 관수량 5mm, 10mm 평균치임

※ 10kPa은 토양수분이 아주 많은 상태, 20kPa은 충분한 상태, 30kPa은 적당한 상태, 50kPa은 건조한 상태

표49 **1회 관수량에 따른 당도 및 발효과 발생('95, 부산원시)**

관수간격 및 관수량	평균 과일 무게(g)	당도(°Brix)	발효과율(%)
5일 간격 1회 10mm	457	13.4	27
15일 간격 1회30mm	410	12.6	42

1회 관수량에 따라서도 발효과 발생에 차이가 있는데 한꺼번에 많은 양의 물을 주면 발효과 발생이 많아진다(표 49).

사. 칼슘의 영향

칼슘의 흡수가 억제되면 이상발효과의 발생을 가져오는데, 이는 토양 중에 석회성분이 부족해도 발생하지만 토양 내 석회성분이 충분해도 발생한다. 토양 중에 암모니아태질소, 마그네슘 또는 칼리비료가 많으면 석회질 비료의 흡수가 억제되어 부족현상이 나타나기 쉽다.

아. 품종과의 관계

대부분의 참외품종은 이상발효과가 발생할 가능성을 가지고 있는데 일반적으로 당도가 높은 단성화품종에서 발생할 가능성이 크다.

(4) 대책

발효과의 발생을 줄이려면 과실비대기에 저온관리가 되지 않게 지중가온재배를 하거나 보온력을 높여서 밤낮의 평균기온을 20℃ 이상은 유지시

켜야 하며 햇빛을 충분히 받도록 한다.

　토양의 전기전도도를 측정하여 시비량을 조절하고 특히 질소와 칼리의 시비량이 많지 않도록 하여 석회(칼슘)의 흡수가 잘되도록 하고 토양산도는 pH 6~ 6.5를 기준으로 조절한다. 과실비대기의 관수량이 지나치게 많으면 발효과 발생이 많아지므로 물 관리에 주의해야 한다.

　발효과 발생을 줄이기 위해서는 수분상태를 파악하여 건조할 때 5~10㎜(10a당 5~10톤) 이내로 관수하는 것이 바람직하다. 또한 수확 1주일 전부터는 물을 주지 않는 것이 발효과 발생을 억제시키고 당도의 증가에 효과적이다.

　발효과가 많이 발생하는 품종은 무리한 저온기재배를 피하고 접목재배 시에는 발효과 발생이 적은 품종을 사용한다. 그리고 재배시기와 초세에 따라 적당한 착과수를 확보하여 과실비대기에 초세가 지나치게 강해지지 않도록 한다.

나　물찬과

(1) 증상

　수확한 과실을 잘라보면 과육은 전혀 이상이 없으나 태좌부에 물이 가득 고여 있는 과실을 말한다. 물이 찬 과실은 대개 당도가 낮고 선별할 때 물에 가라앉아 발효과와 같이 취급된다.

물찬과

(2) 원인

　초세가 강할 때 많이 발생한다. 초세가 다소 강하더라도 수확기에 수분흡수를 억제할 수 있는 포장에서는 발생을 줄일 수 있으나 비가 오면 토양수분 함량이 많이 변하는 포장에서는 성숙기의 기상조건에 따라 물찬과가 많이 발생할 염려가 있다.

(3) 대책

신토좌 등 세력이 강한 호박대목에 접목재배를 하면 흡비력이 왕성하여 세력이 강해지고 물찬과의 발생이 월등히 많이 발생하므로 접목재배를 할 때는 세력이 다소 약한 대목을 선택하고 밑거름량을 줄여서 초세가 웃자라는 것을 막는다.

열매 달린 수가 적거나 손자덩굴을 많이 남기거나 또는 손자덩굴에서 자라는 곁가지를 방임하여 잎이 우거지면 발생률이 높아지므로 때때로 측지를 솎아 내거나 적심하여 세력을 조절하고 성숙기에는 포장이 침수되지 않도록 배수관리를 철저히 한다.

다 과육갈변과

칼슘은 세포벽에서 펙틴과 결합하여 조직을 강화시키고 세포형태를 유지하는데 매우 중요하며 원형질막의 막투과성에도 영향을 미친다. 칼슘이 부족하면 식물체내가 산성이 되고 탄수화물의 합성이나 당의 이동이 억제된다. 그리고 뿌리선단 부분의 세포분열이 억제되어 내한성이 약하게 되거나 토양건조 또는 습해의 영향을 크게 받게 된다. 이러한 작용 외에도 과실에서는 과육이 수침상으로 되거나 조직이 갈변된다. 이런 과실은 알코올 냄새가 나지 않는 점이 발효과와의 차이점이다.

02 열매에 나타나는 장해

가 열과

(1) 증상

수확이 가까운 과일의 꽃받침 부분이 방사상 또는 동심원상으로 갈라지는 증상이다. 조금만 갈라져도 상품성이 크게 떨어지는데 그곳이 부패하는 수도 많다.

(2) 원인

열과가 발생하는 직접적인 원인은 과일 표면 가까운 부분의 생장과 내부의 생장속도가 달라 내부가 더 빨리 생장할 때와 껍질이 일찍 굳어져도 같은 결과가 된다.

과일은 비대성숙하면서 과피가 굳어져서 수확하는 데 비대 후기에 토양수분이 많아지면 과피가 굳어져서 신장의 여지가 적어지는데 반해 내부는 급히 생장하므로 열과가 된다.

어린 열매의 열과는 온도관리가 문제인데 밤 온도가 급격히 낮아지는 경우나 낮 온도가 갑자기 높아질 때 발생한다. 즉 낮에는 기온이 높고 지온이 상승되어 수분의 흡수가 활발히 진행되므로 증산작용이 왕성하여 균형을 이루지만 밤에는 기온이 급격히 낮아지는 반면, 지온이 서서히 내려감으로써 뿌리의 활력은 지속되어 수분흡수는 활발한 반면 증산작용은 급격히 저하되기 때문이다.

열과

(3) 대책

열매의 비대 초기에 토양수분이 급격하게 변하지 않도록 하고 후기에는 다습에 주의한다. 시설의 주위가 논일 때, 논에 물을 댈 시기가 되면 지하수가 높아지므로 주변에 배수구를 깊게 파서 배수에 신경을 쓰고 열매의 비대기에 토양수분이나 공중습도의 급격한 변화가 없게 관리한다. 건조할 때에는 수시로 관수하여 열매가 정상적인 발육을 하도록 하며 충분한 잎 수를 확보하여 동화양분의 불균형이 일어나지 않도록 해야 한다.

표50 관수시기에 따른 참외의 생육과 열과 발생 ('88, 부산원시)

관수시기(개화 후 일수)	열과율(%)	과일무게(g)	수확과수	당도(°Brix)
0	19.4	349	3.3	10.7
5	36.1	365	4.3	12.3
10	90.9	378	3.3	12.8
15	31.9	288	3.7	13.0
20	6.7	192	4.3	12.5
수확기	0.0	125	3.0	10.2

어린 열매에 나타나는 열과는 야간 저온에 의해서 발생하므로 과일이 열릴 때 밤 온도를 지나치게 낮게 하지 말고 최저 15℃ 이상은 유지시켜야 한다. 열과를 방지하기 위해서는 알맞은 토양수분 관리, 적당한 환기로 토

양수분과 온도의 급변을 막고, 잎이 마르면 과실표면이 보호가 안 되므로 과실이 착과된 부근의 잎은 소중히 다루어야 한다. 또한 수확기가 가까워지면 관수를 하지 않는 것이 좋다.

나 변형과

(1) 증상

과실 어깨 부분의 비대가 나쁜 과실로서 호리병 모양이 되거나 과실이 비틀어지는데 과실이 길쭉한 형, 납작한 형 등 여러 가지 증상이 있다.

(2) 원인

과실 비대기에 일조 부족으로 인하여 동화능력이 떨어질 때나 초세가 강하고 착과가 늦어져 웃자람 상태가 되었을 때 그리고 포기당 착과수가 많아 과실 간의 양분 경합이 치열하여 정상적으로 발육이 되지 못했을 때 잘 발생된다. 또한 생장조절제가 한쪽에만 처리되어 과실비대의 불균형일 때 발생된다.

변형과

(3) 대책

촉성 및 반촉성 재배에서는 광합성이 잘 이루어지도록 광 환경을 개선하고 질소 시비량을 적절하게 조절하여 웃자람을 막고, 착과된 과실에 충분한 양분이 공급될 수 있도록 포기당 착과수를 조절한다. 또한 과실에 탄수화물을 충분하게 공급할 수 있도록 건전한 잎을 확보하고 착과제 처리 시에는 약액이 씨방 전체에 고르게 묻도록 해야 한다.

다 배꼽과

(1) 증상
꽃이 떨어진 부분이 크게 비대하여 과면으로부터 튀어 나오거나, 배꼽 부분이 갈라져서 불규칙하게 튀어나오는 증상으로 상품성이 떨어진다.

(2) 원인
배꼽과는 양성화 계통의 품종에서 일어나기 쉽다. 꽃눈분화기의 극단적인 저온, 고온, 건조, 일조부족, 영양과잉 등에 의한 꽃눈의 이상분화가 배꼽과의 원인이라고 추정하고 있으나 명확하지 않다.

암꽃이 마디를 건너뛰어 착생됨으로써 착과절위가 높아질 때 배꼽과의 발생이 많은 것으로 보아 영양과잉 또는 웃자람에 의해 배꼽과가 발생될 수 있으며, 또한 과실비대기의 토양수분 부족에 의해 초기에 과실비대가 억제되면 배꼽과의 발생이 현저하게 증가한다.

(3) 대책
꽃눈분화기인 육묘기나 아주심은 후에 주간 25~30℃, 야간 15℃ 이상으로 온도를 유지시켜 주고 일조부족이 되지 않도록 주의한다. 또한 과실의 비대 초기에 지나친 고온건조가 되지 않도록 주간에는 환기를 철저히 함과 동시에 수분을 적절히 해야 한다. 착과제 사용 시에는 반드시 적정농도를 지키도록 하고 배꼽과로 확인된 것은 초기에 제거한다.

라 녹색줄무늬과

(1) 증상
수확기에 과실 꼭지로부터 방사상으로 농녹색의 줄무늬가 나타나는 것이다. 증상이 가벼운 것은 수확할 때 없어지는 경우도 있으나 심한 것은 줄무늬가 배꼽부분까지 생겨 품질면에서는 문제가 되지 않으나 외관이 나빠 상품가치가 떨어진다.

(2) 원인

발생원인온 유전적인 요인으로 추청하고 있으나 명확하지 않다. 과다한 시비와 수분으로 잎과 줄기가 왕성하게 발육되고 질소질이 너무 많을 때와 착과수가 적은 경우와 신토좌호박에 접목 했을 경우에 초세가 왕성해지기 쉬워 녹색 줄무늬과의 발생조건이 된다. 또 2,4-D 같은 착과제를 높은 농도로 처리하면 발생하기 쉽다.

녹색줄무늬과

(3) 대책

포기당 착과수를 초세에 맞게 적정 수준으로 유지하고 균형 있는 시비와 착과제를 처리할 때는 적정 농도로 사용해야 한다.

마 깨알증상(과면오점과)

(1) 증상

과실비대최성기 이후에 과면에 갈색 또는 농녹색의 작은 반점 즉 깨알 모양의 반점이 생기고 성숙하더라도 그대로 남는데 심한 것은 상품가치가 크게 떨어진다.

깨알증상(과면오점과)

(2) 원인

발생원인이 분명하게 밝혀져 있지는 않으나 대개 일조부족, 토양수분 및 공중습도의 과다, 질소과다, 잎수과다에 착과수 부족, 과도한 생장조정제 및 약제처리 등의 복합적인 원인이 관여한다.

(3) 대책

토양수분과 질소의 과다공급을 피하고, 특히 질소질비료의 효과가 과실비대 후기에 나타나는 일은 없도록 한다. 또한 착과수를 적당히 조절하고 비대기에 환기를 철저히 해야 한다. 과실비대기에 약제 살포는 가급적 피하고, 필요시에는 농약안전사용지침에 따라야 한다.

표51 **토양수분처리별 과실특성과 과면오점과 발생('96, 부산원시)**

관수점(kPa)	평균과중(g)	과장(mm)	과경(mm)	오점도 (0-4)	당도(°Brix)	오점과율 (%)
10	456	123.5	80.7	0.80	13.5	2.9
20	398	119.0	78.5	0.46	14.4	0.6
30	382	118.9	77.4	0.45	15.3	0
50	324	108.8	74.2	0.20	15.2	0

♪오점도 : 0(없음) - 4(심함), ※ 오점과는 오점도 3-4

03 잎과 줄기에 나타나는 **장해**

가 잎마름(葉枯)증

(1) 증상

처음에는 착과 마디 부근의 잎줄기 사이가 황색으로 변하고 증상이 진행되면 조직이 죽으면서 다시 전체가 잎마름 증상을 크게 나타내게 된다.

(2) 원인

노균병, 덩굴마름병, 흰가루병 등의 병해에 기인하는 경우와 착과과다, 토양수분의 부족, 마그네슘(Mg, 고토)의 결핍에 의한 경우가 있다. 과다착과 시에 동화양분이 과실 쪽으로만 전류되고 뿌리 쪽으로는 전류가 적어 뿌리가 쇠약해져 잎마름증이 발생된다. 과실의 비대가 끝나고 당도가 오르는 시기에 잎이 말라 죽는데 2~3일 내에 급격히 만연하여 수확을 못하는 수가 있다. 접목 재배 시에 대목과의 친화성에 따라 양·수분의 흡수가 순조롭지 못할 때도 발생된다.

(3) 대책

수분관리에 유의하고 건조 시에는 곁가지를 약간 신장시키는 것이 좋다.

초세가 쇠약하지 않도록 착과수를 조절하고 가지를 알맞게 키워야 한다.

밑거름으로는 마그네슘을 중심으로 세심한 시비설계를 세워야 하는데 이때 칼리질이 지나치게 많으면 서로 간의 길항작용으로 인해 마그네슘의 흡수가 억제되므로 칼리질비료의 사용은 다소 줄이는 것이 좋다. 증상이 나타난 하우스에는 여름철에 옥수수, 수단그라스 등을 심어서 염류를 지상부로 뽑아내어 제거해 주도록 하고 초기에 잎에 약간의 이상이 생기면 황산고토를 0.2~0.3%액으로 희석하여 2~3회 가량 4~5일 간격으로 잎에 충분히 붙도록 살포해 준다.

나 급성시들음증

(1) 증상

참외의 수확기 무렵 낮 동안은 잎이 시들고 저녁때가 되면 회복되다가 얼마 동안이 지나서는 밤이 되어도 위조현상이 회복되지 않고 마르는 현상이다. 흐린 날이 계속될 때는 싱싱해 보이다가 햇빛이 나면 갑자기 시들어 버린다.

(2) 원인

○ 뿌리의 세력이 지상부보다 약할 때
○ 접목재배 시 대목과 접수의 친화성이 적거나 친화성 대목이라도 유합면이 적을 때
○ 뿌리혹선충의 감염으로 뿌리혹이 많이 생겨 양·수분의 흡수능력이 떨어질 때
○ 뿌리는 건전해도 도관부가 갈변하여 양·수분의 이동이 안될 때
○ 쉽게 건조해지는 사질토양 지상부의 강전정으로 잎면적이 감소한 때 초세가 약한 상태에서 무리하게 많이 착과시킬 때
○ 하우스재배에서 지나치게 밀식하여 줄기가 웃자라 일조량을 충분하게 쬐이지 못하고 뿌리의 활력이 떨어지는 때에 고온관리를 함으로써 뿌리의 노화가 빨라진 경우에 생길 수 있다.

급성시들음증은 뿌리의 양이 적은 상태에서 착과비대가 진행되어 동화양분이 과실로 대부분 이동함으로써 뿌리가 양분부족으로 발육이 불량해져 양분과 수분의 흡수가 억제되었을 때와 과실의 비대최성기에 수분 흡수가 저하되어 일어난다.

또한 과실의 비대최성기에는 수분을 많이 필요로 하는데도 관수가 적으면 포기의 노화가 촉진되고 그 후의 관리에 의해서 시들기 시작한다. 이 경우 곁가지가 있는 포기라든가 착과수가 적으면 뿌리의 노화도 방지되고 흡수도 잘되어 최후까지 견딜 수 있게 된다.

(3) 대책

뿌리의 세력에 따른 착과수를 고려해야 하고 온도관리는 뿌리의 세력이 약할 때 고온관리를 피해야 뿌리의 노화를 막을 수 있다. 또 친화성이 강한 신토좌대목을 사용할 것이며, 물지님성을 높이기 위하여 퇴비를 충분히 주고 토양수분이 지나치게 많거나 건조하지 않도록 관리해야 한다. 즉 지하수위가 높은 토양에서는 배수에 주의하고, 토양을 지나치게 건조시키면 급성시들음증을 초래하는 원인이 되므로 주의해야 한다.

아들덩굴의 순지르는 위치 부근에서 나온 손자덩굴 1~2개 정도는 그대로 키우면서 초세를 확보하는 것이 좋다.

다 칼슘(석회)결핍증

(1) 증상

칼슘이 결핍되면 속잎이 황화되고 잎가장자리가 황색으로 변하며 진행하면 갈색으로 마른다. 칼슘은 수분과 같이 흡수되고 증산작용에 의해서 잎으로 운반되어 잎의 기부에서부터 점차 잎의 가장자리로 분배된다. 칼슘이 적어지면 잎 가장자리에서 부족 부분이 생기고 더욱 부족하면 황색 부분이 잎 안쪽으로 확대된다.

(2) 원인

칼슘은 산성토양에서는 적고 토양이 건조하면 흡수가 잘 되지 못한다. 칼슘이 토양 중에 있어도 칼리, 질소, 마그네슘 등이 과다하면 흡수가 저해된다.

하우스재배 시에 석회를 너무 많이 주면 토양은 알칼리화가 되고 이로 인해 붕소의 흡수가 저해되며 칼슘의 채내 이동이 억제되는 때가 많다. 칼슘은 식물체내에서 이동이 잘 안되는 성분이므로 결핍증상이 나타나면 새순 부분에 먼저 나타나게 된다.

(3) 대책

토양의 pH를 6.0~6.5 사이로 조절하고, 발생 시 염화칼슘 0.3%액 (물 1 말에 60g)이나 제1인산석회 0.3%액을 2~3회 엽면살포하면 효과적이다. 또한 토양의 염류농도를 낮추어야 식물체의 석회흡수가 용이하므로 연작하우스에서는 염류농도를 낮추는 데 신경을 써야 한다.

라 마그네슘 결핍증

(1) 증상

잎맥 사이에 녹색이 없어지고 점차로 회갈색으로 변하기 시작하여 마르는 증상이 나타나며 서서히 상위 잎으로 진전된다. 생육 중기 이후에 잘 나타나는 증상으로 심하면 잎 전체가 말라죽는다.

(2) 원인

마그네슘 결핍증에는 마그네슘의 부족으로 생기는 것과 칼리질비료의 다량 사용으로 마그네슘이 많이 존재하고 있어도 길항작용에 의해 마그네슘의 흡수가 억제되어 생기는 수도 있다.

(3) 대책

칼리와 석회를 많이 시용하지 않도록 하고 마그네슘이 많이 들어있는

용성인비를 밑거름으로 쓰는 것이 좋다. 토양의 치환성 마그네슘 함량이 적을 때는 탄산고토석회나 황산고토비료 등의 마그네슘 함량이 높은 토양개량제를 10a당 80~100kg 시용한다.

증상이 가벼울 때는 황산마그네슘 0.2~0.3%액을 1주일 간격으로 3~5회 엽면살포하면 어느 정도 효과가 있다. 과실의 착과수를 알맞게 하고 지나친 강전정은 피하여 적당한 잎 수를 확보하는 것이 좋다. 그리고 토양이 건조하지 않도록 관수에 신경을 쓰고 접목재배를 하여 뿌리의 활력을 돕고 유기질을 많이 시용해 마그네슘의 용탈을 막는다.

04 가스발생에 의한 장해

가 가스발생 원인

참외는 대부분 시설하우스 내에서 촉성 또는 반촉성 위주로 재배되고 있다. 지상부가 외부와 차단되어, 질소질비료를 밑거름으로 많이 시용하거나 덜 썩은 유기물질을 뿌려줄 때 토양으로부터 생성된 암모니아가스, 아질산가스가 대기 중으로 휘산되지 못하고 비닐 내부에서 농도가 짙어지면서 참외의 잎이나 뿌리에 흡착되어 피해를 준다.

특히 흐린 날씨가 계속되다가 맑아져 햇볕이 따뜻하게 쬐어 지온이 높아지면 미생물의 활동이 왕성하여 시용된 비료의 분해가 빨라져 가스발생이 심해진다. 그리고 시설하우스 난방 연료 중에 함유되어 있던 황(S) 성분의 연소에 의한 아황산가스 누출로 발생된다.

1) 암모니아가스 발생

질소비료를 과다 시용하거나, 석회질과 고토질비료 같은 알칼리성 비료와 혼용하면 토양이 알칼리화되어 시용질소가 휘산되며 암모니아가스가 발생된다. 미숙된 퇴비나 계분과 같은 유기물질을 시용하면 부숙되는 과정에서 발생하기도 한다.

따라서 질소질비료와 유기물질의 과다사용은 암모니아가스 발생을 초래하여 작물에 피해를 주기도 하는데 질소비료 중 가스 발생량은 요소가 유안보다 2배 정도 높으며, 계분은 퇴비보다 질소함량이 높기 때문에 암모니아가스 발생량이 더 많다. 이것은 유기물이 부숙하는 과정에서 산소의 요구도가 높으나 공급이 충분하지 못하여 유기물의 시용량이 증가함에 따라 산소부족이 가중되어 암모니아가스 발생이 증가한 것이다.

표52 질소 시비량에 따른 암모니아가스 발생량

비료종류	토양 중 질소 시비량(mg/kg)					
	0	100	200	300	400	500
요 소	0.61	0.85	1.02	0.85	0.58	0.59
유 안	-	0.53	0.53	0.57	0.62	0.57

※ 농촌진흥청, 1997. 표준영농교본 88

표53 유기물 시비량에 따른 암모니아가스 발생량

비료종류	토양 중 질소 시비량(mg/kg)					
	0	100	200	300	400	500
퇴 비	0.36	0.29	0.36	0.36	0.32	0.46
계 분	-	0.33	0.42	0.35	0.46	0.90

※ 농촌진흥청, 1997. 표준영농교본 88

(2) 아질산가스 발생

토양에 시용된 유기물은 미생물에 의해 분해되어 암모니아가 유리된다. 유기물로부터 얻어진 암모니아와 토양 중에 시용된 암모니아는 밭 토양 중에 있는 아질산균에 의하여 아질산으로 변화되고 아질산은 다시 질산균에 의하여 질산으로 된다.

유기물 시용량이 많을 경우에 아질산을 질산으로 변화시키는 질산균의 작용이 미치지 못하여 아질산은 토양에 쌓이게 된다. 토양이 중성이면 아질산은 가스화되지 않으나, 토양이 산성이거나 질산의 축적으로 산성화되어 토양의 pH가 5.0 이하가 되면 아질산가스가 발생된다. 그리고 질산은 질산환원균에 의하여 아질산으로 되는 경우도 있으며, 온도가 상승하면 질산가스가 많이 발생된다.

아질산가스 발생은 요소가 유안보다 높고, 유기물질 중 퇴비가 계분보

다 가스발생량이 많으며, 유기물의 시용량이 많을수록 가스 발생량은 증가한다. 아질산가스 발생은 계분이 퇴비보다 유기물함량이 낮고 질소함량이 높기 때문에 계분의 분해 속도가 퇴비보다 10일 정도 빠르며, 토양시용 후 60~70일경 가스 발생량이 가장 많다.

표54 **질소 시비량에 따른 아질산가스 발생량**

비료종류	토양 중 질소 시비량(mg/kg)					
	0	100	200	300	400	500
요 소	0.02	0.02	2.32	4.72	2.50	2.12
유 안	-	0.34	1.02	0.16	0.06	0.02

※ 농촌진흥청, 1997. 표준영농교본 88

표55 **유기물 시비량에 따른 아질산가스 발생량**

비료종류	토양 중 질소 시비량(mg/kg)					
	0	100	200	300	400	500
요 소	1.01	3.64	3.60	2.70	4.56	2.58
유 안	-	2.71	2.63	3.54	0.43	0.07

※ 농촌진흥청, 1997. 표준영농교본 88

(3) 아황산가스 발생

동절기 시설하우스 가온을 위해 난방기 연료로 연탄, 경유, 중유 등의 연료를 사용하게 되는데, 연료 중에 유황분이 함유된 중유가 불완전연소되면 아황산가스가 발생되고, 저유황분의 중유는 일산화탄소가 많이 발생된다. 이들 배기가스가 하우스 내로 누출되면 작물이 피해를 입는데 주로 아황산가스의 피해가 많다.

나 피해증상

(1) 암모니아가스

참외잎은 암모니아가스에 접촉되면 기공이나 표피의 틈을 통하여 체내로 들어가 산소를 빼앗기 때문에 엽록소나 색소를 파괴하여 변색된다.

저농도에서 피해를 입은 잎은 검은반점무늬가 생기고, 고농도에서는 급성피해로 백색의 반점무늬가 잎맥사이에 나타나거나 잎 전체가 백색으로 탈색되며, 야간에 암모니아가스와 접촉되면 잎 선단이 황백색으로 선을 이루며 말라죽는다.

암모니아가스 피해

뿌리에 암모니아가스가 침투하면 뿌리세포가 파괴되어 지상부로 수분과 영양공급이 중단되어 말라죽으며 줄기는 입고병 증상과 같이 잘록현상이 나타난다.

(2) 아질산가스

아질산가스의 피해는 생육이 왕성한 중위 잎에서부터 상위 잎이나 하위 잎으로 진행된다. 피해가 약할 때는 잎맥사이와 엽록부가 수침상의 점무늬를 나타내고 시간이 경과되면 황갈색으로 변하거나 백색의 점무늬가 형성되기도 한다.

아질산가스 피해

아질산가스가 공기 중에 산재하면 밤에도 기공이 열려있고 낮에는 기공의 크기가 50% 정도 증가한다. 따라서 아질산가스의 피해는 암모니아가스와 반대로 주간보다 야간에 더 많으며 잎 선단이 황갈색으로 말라죽는다.

(3) 아황산가스

아황산가스에 의한 식물체의 피해는 기공을 통한 아황산가스의 체내유입 속도가 식물체에 의하여 산화 동화되는 속도보다 빠를 때 나타나며, 경미한 피해는 잎맥 사이에 적갈색 또는 흑색의 반점무늬를 나타내고 잎맥 사이의 조직이 파괴되어 말라죽는다.

다 유해가스 발생 탐지

(1) 가스검지기에 의한 탐지

가스검지기 흡입구에 검지봉을 꽂아 100㎖의 오염된 공기를 1~2분 동안에 흡입시키면 공기가 지나가면서 검지봉의 시약이 변색되게 되어 있으며, 변색된 길이로써 측정가스의 농도를 알 수 있다. 검지봉은 측정하려는 가스의 종류에 맞는 것을 사용해야 한다.

표56 **가스검지기(GV-100S)에 의한 측정**

품 명	모델명	측정가스명	측정범위(ppm)	눈금범위(ppm)
검지기	801			
검지봉	2LL	CO_2	300~500	300~5,000
〃	5Lb	SO_2	0.05~10	0.2~5
〃	8La	Cl_2	0.05~16	0.5~8
〃	3L	NH_3	0.5~60	(1)~30

(2) 비닐하우스 내부에 맺힌 이슬방울로 가스탐지

비닐하우스 내부에 맺혀있는 이슬을 채취하여 발색 지시약이나 또는 pH메타를 이용하면 특정 색깔이나 수치가 나타나며, 이 색깔이나 수치에 의해 발생가스의 종류와 발생 정도를 예측할 수 있다.

발색지시약에 의한 탐지법은 하우스 내부에 부착된 이슬을 깨끗한 그릇에 50~100㎖ 정도 채취하여 각각 에틸알코올용액에 녹인 0.2% 메틸레드와 0.1% 브롬메틸블루가 1 : 1로 혼합된 발색지시약을 2~3방울 떨어뜨려 변하는 색깔을 보고 정도를 판별한다.

pH메타에 의한 탐지법은 비닐하우스 내 이슬을 용기에 받아 측정하고 pH가 6.0~7.0이면 가스발생이 없다. 그리고 EC(전기전도도)를 측정하여 EC가 100uS/cm 이하이면 안전하고 150uS/cm 이상이면 농작물에 장해가 발생할 우려가 있다.

발색지시약이나 pH메타 또는 EC메타가 없는 경우 가스발생을 조기에 탐지하기 어렵지만 피해를 받은 후 2~3일이 경과되면 육안으로도 탐지할 수 있다. 농작물 잎의 가스피해 초기증상은 엽록소에 얼룩무늬가 생기면서 초록색이 탈색되어 연두색을 띠거나 반점을 나타내며 반점중심부는 백색으로 탈색되는 것을 관찰할 수 있다.

표57 하우스 내 이슬 검정으로 가스발생 탐지

pH	4.5	5.6	6.5	7.5	8.8
지시약	분홍	빨강	주황	연두	초록
가스	아질산가스	←	-0-	→	암모니아가스
농작물 피해정도	장해	주의	무피해	주의	장해

※ 발색지시약 : 0.2% Methylred + 0.1% bromethyl blue(에틸알코올 용액)

라 가스피해 예방대책

겨울철에는 지온이 낮아 비료성분의 분해가 지연되므로 퇴비와 밑비료는 아주심기 2개월 전에 전층시비하여 토양에 잘 섞이도록 하며, 질소질비료는 요소보다 유안을 시용한다.

토양이 산성화되어 pH가 5.0 이하로 낮으면 시용된 질소가 아질산가스로 변화되어 발생되므로 석회질비료를 시용하여 토양을 중화시켜야 한다. 그러나 과다 시용하면 토양이 알칼리화되어 암모니아가스가 발생될 우려가 있다. 석회물질과 같은 알칼리성물질은 토양과 잘 혼합되도록 섞은 후 2~3주 정도 지난 다음 충분히 토양과 반응한 후 질소비료를 시용한다. 가스 발생 시는 작물이 냉해를 입지 않는 범위 내에서 최대한 환기를 시키도록 한다.

그리고 겨울철에 하우스 난방연료는 저유황연료를 사용하며 연소된 가스는 하우스 내로 유입되지 않도록 한다.

제 IX 장
주요 병해충 방제

01 병해

가 흰가루병(白粉病)

영명 : Powdery mildew
학명 : *Sphaerotheca fuliginea* (Sehlechtendahl) Pollacci.

(1) 증상 및 발병조건

잎에 밀가루를 뿌린 것 같아 구별하기는 쉬우
나, 병 발생기간이 길어서(4월~10월) 방제하기가
매우 어렵다. 하우스 출입구부터 발생하고, 건조
할 때 오래된 잎에서 발생이 시작되므로 아들덩
굴 5마디까지의 오래된 잎은 제거한다.

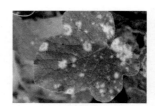

흰가루병

(2) 방제법

잎에 흰 반점이 나타나고 3~5일 후가 지나면 잎 전체로 퍼지므로 초기방
제가 필수적이다. 약제를 살포하면 잎 표면의 흰색균이 회색으로 변하는데,

이때 약제를 한 번 더 살포하는 것이 좋다.

흰가루병에 감염되면 연잎처럼 물기가 쉽게 흘러버리므로 반드시 전착제(실루엣)를 넣어 살포해야 한다. 물로 씻어 내거나 약제를 너무 묽은 농도로 살포할 경우 더 많이 번지므로 주의해야 한다. 방제를 위해서는 적용약제인 가스가마이신·폴리옥신디(입상), 디메토모르프·피라클로스트로빈(액상), 디비이디시(유), 디페노코나졸·메트라페논(액상), 디페노코나졸·폴리옥신디(수), 디페노코나졸·폴리옥신비(수), 디페노코나졸·플루디옥소닐(수), 디페노코나졸·피리오페논(액상), 마이클로뷰타닐(수), 메트라페논(액상), 멥틸디노캅(유탁), 바실루스서브틸리스디비비1501(수), 바실루스서브틸리스큐에스티713(수, 액상), 보스칼리드(입상), 보스칼리드·메트라페논(액상, 입상), 보스칼리드·크레속심메틸(액상), 보스칼리드·트리플루미졸(수), 보스칼리드·피리오페논(액상), 비터타놀(수), 사이플루페나미드·디페노코나졸(액상), 사이플루페나미드·트리플루미졸(유), 사이플루페나미드·헥사코나졸(액상), 아이소피라잠(유), 아족시스트로빈(액상), 아족시스트로빈·디페노코나졸(액상), 아족시스트로빈·크로로탈로닐(액상), 아족시스트로빈·테트라코나졸(유현), 아족시스트로빈·플루디옥소닐(수), 이미녹타딘트리스알베실레티트(액상), 이미녹타딘트리스알베실레티트·폴리옥신비(수), 크레속심메틸(입상), 크레속심메틸·트리플루미졸(액상), 테트라코나졸(유탁), 트리프루미졸(수), 티오파네이트메틸·트리플루미졸(수), 페나리몰(유), 펜티오피라드(유), 펜티오피라드·피콕시스트로빈(액상), 폴리옥신디·피리오페논(수), 플루오피람(액상), 플루오피람·트리플록시스트로빈(액상), 플루퀸코나졸(수, 액상), 플루퀸코나졸·테트라코나졸(유현), 플루퀸코나졸·트리플록시스트로빈(액상), 플루퀸코나졸·프로클라즈망가니즈(수), 플루티아닐(유), 플룩사피록사드(액상, 입), 플룩사피록사드·메트라페논(액상), 플룩사피록사드·크레속심메틸(액상), 플룩사피록사드·피라클로스트로빈(액상), 피라클로스트빈·테부코나졸(액상), 헥사코나졸(액상-2%, 5%, 입상)을 최소한 4회 이상 살포한다.

(3) 주의

펜코나졸, 헥사코나졸, 리프졸수화제(트리후민), 피라조유제(아프칸) 등은 유묘기에 불량환경에서 잘못 사용하면 약해가 잘 일어나므로 주의해야 한다. 펜코나졸 및 헥사코나졸은 순멎이 현상이 발생할 수 있다. 황가루 분말을 10a당 300g 살포하여도 효과가 있으나 고온 시에는 약해에 주의해야 한다.

나 노균병(露菌病)

영명 : Downy mildew
학명 : *Pseudoperonospora cubensis* (Berkeley et Curtis)
　　　Rostowzew

(1) 증상 및 발병조건

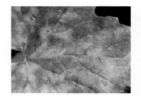

아주심기 2개월 후(3월중·하순)부터 오래된 잎에서 발생하는데 그냥 두면 잎 전체가 죽으며, 참외 1차 수확기에 해당되어 수량에 직접적인 영향을 준다(20~30% 감수). 초기 병징은 잎에 노란 반점이

노균병

생기며 이 반점이 확대되면 잎맥에 가로막혀 각진 모양의 병반이 되며, 잎 뒷면에는 회색털(포자)이 보인다.

(2) 방제법

습기가 많거나 질소질이 많은 포장에서 잘 발생한다. 초기방제에 실패하면 약제살포를 해도 효과가 적은데, 병원균은 잎 뒷면에 있으므로 약제살포 시 잎 뒷면까지 골고루 묻도록 해야 하며, 최근 개발된 아연산염은 예방에 효과가 있는 것으로 보인다. 방제를 위해서는 적용약제인 디메토모르프·메탈락실-엠(수), 디메토모르프·피라클로스트로빈(액상), 디메토모르프·피카뷰트라족스(액상), 만디프로파미드(액상), 베날락실-엠·에타복삼(액상), 벤티아발리카브아이소프로필(액상), 벤티아발리카브아이소프로필·코퍼옥시클로라이드(수), 사이목사닐·만디프로파미드(액상), 사이목사닐·파목사돈(액상), 사이목사닐·페나미돈(수), 사이아조파미드(액상), 사이아조파미드·발리페날레이트(액상), 사이아조파미드·플루오피콜라이드(액상), 아메톡트라딘·디메토모르프(액상), 아미설브롬(액상), 아미설브롬·사이목사닐(입상), 아미설브롬·클로로탈로닐(액상), 아미설브롬·파목사돈(액상), 아족시스트로빈(액상), 아족시스트로빈·디메토모르프(액상), 아족시스트로빈·클로로탈로닐(액상), 에타복삼(액상), 에타복삼·메탈락실(수), 에타복삼·파목사돈(수), 이프로발리카브·족사마이드(수), 이프로발리카브·프로피네브(수), 크레속심메틸(입상), 클로로탈로닐·사이목사닐(수), 클로로탈로닐·피리메타닐(액상), 파목사돈·만디프로파미드(액상), 파목사돈·메탈락실-엠(분액), 파목사돈·발리페날레이트(유), 파목사돈·옥사티아피프롤린(액상), 파목사돈·족사마이드(입상), 포세틸알루미늄(수), 플루오피콜라이드·이프로발리카브(액상), 플루오피콜라이드·프로파모카브하이드로클로라이드(액상), 피라클로스트로빈(액상, 유), 피카뷰트라족스(액상, 입상), 피콕시스트로빈(액상)을 사용한다.

다 덩굴마름병(蔓枯病)

영명 : Gummy stem blight
학명 : *Didymella bryoniae* (Auersw). Rehm.

(1) 증상 및 발병조건

잎, 줄기, 열매에 발생하며 육묘기부터 생육 전 기간 동안 발생하나 4월 이후 하우스 내 고온이 유지되면 병 발생이 줄어든다. 줄기에는 균열이 생겨 갈라지며 분홍색 즙액이 누출되고, 잎에는 가장자리에서 시작하여 잎맥을 따라 부채꼴의 병반과 둥근 무늬를 형성한다.

열매는 꽃자리부터 갈변하기 시작한다. 죽은 덩굴의 병반부에는 작은 검은점(병자각)이 많이 생긴다.

덩굴마름병

(2) 방제법

오래된 잎을 제거하여 통풍을 좋게 하고, 건조하게 재배한다. 아주심을 때 접목부위가 토양에 접촉하지 않도록 하며, 심하게 감염된 식물체는 제거한다. 참외의 경우 덩굴마름병에 등록된 약제인 폴리옥신디(수)를 이용하여 방제하면 된다.

라 탄저병(炭疽病)

영명 : Anthracnose
학명 : *Colletotrichum lagenarium* (Passerini) Ellis and Halsted

(1) 증상 및 발병조건

잎에는 잎맥을 넘어 둥근 모양의 병반이 형성되고 중심부분은 쉽게 찢어진다. 줄기, 열매에는 착색기에 병반이 생기는데, 타원형으로 움푹 들어가며 주황색의 곰팡이가 생긴다. 검은별무늬병은 흑녹색 곰팡이가 발생함으로 병반에 생기는 곰팡이의 색으로 구별할 수 있다.

탄저병

광학현미경으로 관찰하면 흑갈색 털과 타원형의 병원균 포자를 동시에 볼 수 있다.

(2) 방제법

착색기 과실에 발생하면 상품성이 없어지므로 포장을 건조하게 해 준다

마 검은별무늬병(黑星病)

영명 : Scab
학명 : *Cladosporium cucumerinum* Ellis et Arthur.

(1) 증상 및 발병조건

병원균은 많은 포자를 형성하므로 전염이 매우 빠르게 일어난다. 수년 전 강우량이 많을 때 일부 포장에서 크게 발생하여 1차 수확을 거의 못한 경우도 있다. 새 잎, 새 순, 열매에 세로로 찍힌 듯한 병반이 생기며 흑녹색의 곰팡이가 생긴다.

검은별무늬병

(2) 방제법

새순에 처음 발생하는데 특히 저온기에 발생이 많다. 조기에 약제를 살포해야 하는데 그 시기를 놓칠 경우 대부분의 과실에 감염하여 상당한 피해를 준다. 아들줄기나 손자줄기의 끝이 감염되면 생장점이 죽음으로 다른 줄기를 유도해야 한다. 검은별무늬병에 등록된 약제인 디페노코나졸·피리벤카브(액상), 펜뷰코나졸·티플루자마이드(액상), 플루퀸코나졸·피리메타닐(액상)을 사용하여 방제한다.

바 모자이크병

영명 : Mosaic disease
학명 : *Cucumber Mosaic Virus* (CMV)
　　　 Watermelon Mosaic Virus (WMV)
　　　 Cucumber Green Mottle Mosaic Virus (CGMMV)

(1) 증상 및 발병조건

모자이크 바이러스 증상은 생장점 근처의 잎이나 과실표면에 얼룩이 지는 것으로, CMV 및 WMV는 진딧물 등의 벌레와 접촉전염에 의해 감염되며, CGMMV는 주로 접촉전염 및 토양전염으로 감염된다.

모자이크병

(2) 방제법

일단 바이러스병에 걸리면 현재로선 치료할 수 있는 약이 없으므로 예방에 신경을 써야 한다. 바이러스병의 운반 역할을 하고 있는 날개 있는 진딧물은 바이러스 매개의 주요인이 되므로 철저히 방제한다.

접목 및 덩굴 순치기를 할 때 병든 포기에 사용한 칼, 가위를 계속 사용하면 전염되므로 라이터 불로 소독하거나 10% 탈지분유액에 어린모를 담가두었다가 아주심거나 작업도구나 손을 담가 소독하면서 작업하도록 한다. 감염된 포기는 보이는 대로 뽑아 태운다.

사 세균성점무늬병(細菌性斑點病)

영명 : Bacterial wilt
학명 : *Erwinia tracheiphila* (Smith) Bergey et al.

(1) 증상 및 발병조건

세균성반점병은 물을 통해 감염되므로 배수 불량, 환기 부족으로 습도가 높을 때 발병하는데, 병징은 잎맥을 벗어나지 못하고 잎맥 안이 흰색으로 변하여 다격형의 병반을 형성한다.

초기에는 잎 뒷면에 약간의 물기가 있는 것처럼 보여 노균병과 구별하기가 용이하지 않으나 발병 중기에는 잎 뒷면에 흑연가루와 같은 검은색 곰팡이가 생기지 않아 구별할 수 있다.

(2) 방제법

하우스 외부기온이 올라가면 환기를 하고, 관수를 자제하며 건조하게 재배한다. 강우가 계속되면 발병하기 쉬운데, 초기 방제에 실패할 경우 적절하게 방제할 수 있는 방법이 없는 실정이다(부록참고).

아 뿌리혹병(根頭癌腫病)

영명 : Crown gall

학명 : *Agrobacterium tumefaciens* (Smith & Townsend) Conn

(1) 증상 및 발병조건

이 병에 걸리면 접목부위 주위에 둥근 혹이 생겨 20cm 크기까지 자란다. 병이 진전됨에 따라 식물은 활력이 저하되나 급속히 말라죽지는 않는다.

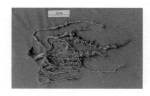

뿌리혹병

(2) 방제법

혹 형성은 병원균유전자가 식물세포와 결합해서 생긴 것으로, 일단 걸리면 방제법이 없다. 심하게 감염된 식물은 뿌리와 함께 제거한다. 이 병에 감염된 나무로 만든 톱밥은 육묘 모판흙으로 사용하지 않도록 한다.

자 역병(疫病)

영명 : Phytophthora blight

학명 : *Phytophthora nicotianae* van Berda de Han var.
　　　 parasitica Waterhouse

(1) 증상 및 발병조건

토양 전염성병으로 배수불량지에서 잘 발생한다. 역병균의 균사에는 격막이 없어, 격막이 있는 Rhizoctonia 잘록병이나 덩굴쪼김병과 구별된다(현미경 400배). 감염 줄기의 밑부분은 물러지고 도관부가 검게 변하며, 과일에 감염되면 과일이 흐물흐물해져 형태를 잃어버리고 습도가 높아지면 흰색의 곰팡이가 생긴다. 감염된 작물체는 3~5일 정도 시들다가 죽어버린다.

과일에 생긴 역병

(2) 방제법

두둑을 20cm 이상 높게 만들고 지표면이 과습하지 않도록 한다. 정식 전 밧사미드분제나 태양열소독을 하면 효과가 있으나 다른 방제법은 없다.

병 발생 후에는 약제를 관주하여도 치료효과가 높지 않으므로 감염주는 반드시 제거한다. 단, 주위에 번지는 것을 막기 위해 코퍼옥시클로라이드·메탈락실-엠(입), 플루아지남(입) 약제를 처리한다.

차 잘록병(立枯病)

영명 : Damping off
학명 : *Rhizoctonia solani* Kuhn
        Pythium debaryanum Hesse

1) 증상 및 발병조건

식물체에 감염된 외부병징만으로는 덩굴쪼김병, 역병 또는 생리적 위조와 비슷하다. 주로 모판에서 잘록 증상으로 나타나며, 본밭에서는 참외대목으로 홍토좌 호박을 사용하였을 때 줄기썩음 증상으로 나타난다.

이 병은 두 종류의 곰팡이에 의해서 발생되는데, 병원균 균사의 한 개 세포 내에 여러 개의 핵이 있고, 균사가 암갈색을 띠며 엇갈린 십자모양이면 Rhizoctonia solani 균이고, 균사에 격막이 없으면 Pythium debaryanum 균이다.

(2) 방제법

병균이 없는 깨끗한 모판을 사용하고 모판에서 일단 발병하면 급속하게 확산되므로 병든 포기는 뽑아 없애고, 관수를 자제하여 습도를 낮춘다. 오이, 수박에서는 안타유제나 타로닐수화제를 발병 초기에 1주 간격으로 3회 관주한다.

카 덩굴쪼김병(蔓割病)

영명 : Fusarium wilt

학명 : *Fusarium oxysporum* Schlecht. ex fries f. sp. melonis
　　　 Synder and Hansen.

(1) 증상 및 발병조건

줄기 아랫부분 토양과 접촉되는 부위의 줄기가 갈라져 초콜릿색 진액이 나오며, 분홍색 곰팡이가 생기고, 잎이 약간씩 시들다가 결국 말라죽는다.

접목재배의 주목적이 덩굴쪼김병 방지에 있지만 접목재배 시 절단된 참외뿌리가 토양에 닿으면 다시 뿌리가 생겨 덩굴쪼김병에 감염될 수 있고, 접목 후 참외뿌리를 자르지 않고 심으면 접목의 효과가 없다. 덩굴쪼김병증상은 역병과 비슷한데, 포자가 반달모양이고 여러 개의 격막이 있어(현미경 400배) 쉽게 발견할 수 있다.

(2) 방제법

병 발생이 많은 포장은 토양소독이나 벼재배를 해야 한다. 참외는 덩굴쪼김병에 감수성이므로 반드시 접목을 한다. 병 발생 후에는 치료가 불가능하므로 감염주는 제거하여 더 이상 번지지 않도록 한다.

02 충해

Growing oriental melon

가 뿌리혹선충

영명 : Root-knot nematodes
학명 : *Meloidogyne spp.*

(1) 증상 및 발병조건

뿌리혹선충은 세계적으로 발생하는데 온실작물에 특히 중요하다. 국
내 시설재배지에는 고구마뿌리혹선충 M. incognita(Kofoid & White)
Chitwood와 땅콩뿌리혹선충 M. arenaria(Neal) Chitwood가 가장 많이 분
포하고 있으며, 당근뿌리혹선충 M. hapla는 경기도 여주의 참외 시설재배
지에서 발견되었다.

뿌리혹선충은 종류에 따라 케이스가 분화되어 있으며, 기주판별품종을
이용하여 판별한다. 유충은 실 모양(0.5mm)이며, 침을 이용해 뿌리에 침입
하는데, 침에 찔린 세포는 대형세포로 되기 때문에 뿌리에는 혹이 형성된
다. 양분과 수분의 이동 통로가 막히므로 물 부족이 쉽게 일어나는 모래땅
에서 피해가 더 심하며 더운 날씨에 쉽게 시든다.

유충은 풍선모양으로 부풀어 성숙되며 암컷 1마리는 500~1,000개의 알
을 낳고, 한 세대는 약 30일이다. 성주 온실재배지에서 뿌리혹선충은 아주
심은 후 40일에 1세대를 경과하며, 토양 내 밀도는 4월에 가장 낮고 7월에

가장 높다. 감염식물은 줄기생장이 억제되어 잎 수와 잎 크기가 작아지고, 칼리 결핍과 비슷한 증상이 일어나며, 과일의 품질과 수량이 떨어진다.

(2) 방제법

뿌리혹선충에 심하게 감염되면 참외 수량이 50% 정도 감소되므로, 뿌리혹선충에 감염된 포장은 반드시 적절한 토양관리를 통하여 뿌리혹선충 방제를 해야 한다.

뿌리혹선충의 방제방법으로 가장 효과적인 것은 벼 윤작으로 다음 해의 뿌리혹선충 밀도를 90% 정도 감소시킨다. 줄기소독과 태양열처리 등은 열이 고르게 전달될 수 있도록 처리하면 효과적이다. 다음으로 효과가 높은 것은 옥수수 윤작, 건토, 선충탄입제이다. 반면 참깨와 파의

뿌리혹선충 피해

윤작은 효과가 작다. 뿌리혹선충에 의한 경제적 피해한계 수준은 9월 중 토양 100㎤당 뿌리혹선충의 유충이 24마리로 그 이상이면 반드시 방제를 하여야 한다. 뿌리혹선충에 등록된 약제인 다조멧(입), 디메틸디설파이드(유, 직액), 메탐소듐(액-25%, 42%), 벤퓨라카브·포스티아제이트(입), 비펜트린·카두사포스(입), 아바멕틴(미탁, 분액, 액상, 입), 아바멕틴·디노테퓨란(액), 이미시아포스(액,입), 카두사포스(입-3%, 6%, 캡현), 카두사포스·카보설판(입), 카두사포스·클로티아니딘(입), 포스티아제이트(액, 입), 플루엔설폰(유), 플루오피람(입)을 이용하여 방제하면 된다.

뿌리혹선충은 기주가 200여 종이나 되어 경제성 있는 윤작작물을 찾기가 어렵다. 그러나 고추는 시설재배지에 주로 발생하는 두 종류의 뿌리혹선충에 강한 저항성을 가지는 품종이 있다. 따라서 6월경 참외를 수확한 후 고추를 재배한다면 뿌리혹선충의 밀도를 감소시킴과 동시에 고추 생산으로 부가소득도 가져올 수 있을 것이다.

나 점박이응애

영명 : Mites

학명 : *Tetranichus ulticae* Koch

(1) 증상 및 발병조건

크기는 0.45mm이며 발은 8개이다. 1세대는
6일이고 200개의 알을 낳으며, 수정란은 암컷이
되고 미수정란은 수컷이 된다. 1년에 20세대 이
상 발생하고, 잎의 뒷면에서 양분을 빨아먹어 심
하면 잎이 마른다.

진딧물 피해

(2) 방제법

꽃이 피기 전 일찍 발견해야 하며 포장의 가장자리부터 살핀다. 농약 저항
성이 생기기 쉬우므로 약제를 바꾸어가며 살포한다. 참외의 경우 점박이응애
에 등록된 약제는 밀베멕틴(수, 유), 비페나제이트(액상), 비페나제이트·스피
로메시펜(액상), 비페나제이트·피리다벤(액상), 사이에노피라펜(액상), 사이
에노피라펜·에톡사졸(액상), 사이에노피라펜·플루페녹수론(액상), 사이플루
메토펜(액상), 스피로디클로펜(수), 스피로메시펜(액상), 아바멕틴(유), 아바
멕틴·스피로디클로펜(액상), 아크리나트린·스피로메시펜(액상), 에톡사졸(액
상), 클로르페나피르·에토펜프록스(유현), 테부펜피라드(유)가 있다.

다 진딧물

영명 : Aphid

학명 : *Aphis gossypii* Glove

(1) 증상 및 발병조건

여름에는 무성생식으로 새끼를 낳으며 모두 암컷이 되는데, 암컷의 몸은 녹색이고 날개가 없으며, 크기는 1mm이다.

가을에 수컷이 생겨 교미하고 알로 활동한다. 잎의 뒷면에서 주사기 같은 침으로 잎의 양분을 빨아 먹으며, 피해 잎은 아래로 말려 진딧물의 살충제로부터 보호된다. 배설물에는 단성분이 있어 그을음곰팡이가 발생하며 여러 가지 바이러스를 매개한다.

(2) 방제법

시설재배에서는 출입문과 환기창에 망사를 씌워 성충의 침입을 막고 1 엽기부터 조사하여 조기방제를 해야 한다. 참외에서 진딧물(목화진딧물)에 등록된 약제인 다이아지논·티아메톡삼(입), 벤퓨라카브·이미다클로프리드(입), 벤퓨라카브·포스티아제이트(입), 비펜트린(과훈), 비펜트린·이미다클로프리드(수), 사이안트라닐리프롤(유상수), 사이안트라닐리프롤·피메트로진(입상-60%), 설폭사플로르(액상), 스피로테트라맷(액상), 아바멕틴·설폭사플로르(액상), 아세타미프리드(수, 입, 입수용), 아세타미프리드·디플루벤주론(수), 아세타미프리드·설폭사플로르(입상), 아세타미프리드·플루벤디아마이드(입상), 에마멕틴벤조에이트·플로니카미드(입상), 에토펜프록스·이미다클로프리드(입상), 이미다클로프리드(입), 카투사포스·클로티아니딘(입), 클로티아니딘(수, 입, 입수용), 클로티아니딘·플루페녹수론(액상), 티아메톡삼(입, 입상), 플로니카미드(입수), 플로니카미드·설폭사플로르(입상)를 이용하여 방제한다.

라 잎굴파리

영명 : Leafminer
학명 : *Liriomyza sativa* Blanchard : L. trifolii (Burgess)

(1) 증상 및 발병조건

작은 파리(1.5mm×2.0mm)로서 잎 속에 알을 낳는데, 알은 2~7일 후 부화하여 잎 속에 굴을 뚫고 다닌다. 땅속에서 번데기가 되며 9~19일에 성충이 되며, 성충은 약 4주간 생존한다.

(2) 방제법

처음 굴이 보일 때 침투성농약을 처리해야
한다. 잎굴파리(아메리카잎굴파리)에 등록된 약
제인 사이로마진(수), 스피네토람(액상), 스피노
사드(액상, 입상), 아바멕틴·클로란트라닐리프
롤(액상), 에마멕틴벤조에이트(유), 이미다클로
프리드·스피노사드(액상)를 살포하여 방제한다.

잎굴파리

마 총채벌레

영명 : Thrips
학명 : *Frankliniella occidentalis* (Pergande)
　　　Thrips tabaci Linderman
　　　T. palmi Karny

(1) 증상 및 발병조건

꽃노랑총채벌레 및 오이총채벌레는 기주범위
가 넓고 증식력이 높아 방제하기가 매우 어려운
해충이다. 1세대는 14일로 1년에 약 15회 발생하
며 유충이나 성충으로 월동한다.

크기는 2mm 정도이며 유충은 두유색으로 날개

총채벌레 가해열매

가 없고 성충은 갈색이다. 4월부터 발생하기 시작하
여 6월 중순~7월 상순에 가장 많다. 피해받은 새순은 어린잎이 위축되고, 피
해받은 열매는 골이 갈색으로 변하고 거칠어진다.

(2) 방제법

시설재배에서는 출입문과 환기창에 망사를 씌워 성충의 침입을 막는다.
잎이나 꽃을 흰색 종이 위에 털어 초기 발생을 확인한다. 한 세대가 짧아(14
일) 알, 유충, 번데기, 성충이 함께 발생하므로 1회 살포로는 잎 조직 속에 있는 알, 땅속에 있는 번데기 등을 죽일 수 없다. 따라서 7일 간격으로 3회 연속 살포해야 하며, 약제 저항성이 쉽게 생기므로 약제를 계획적으로 바꾸어 살포해야 한다. 총채벌레(꽃노랑총채벌레)에 등록된 약제는 디노테퓨란(입수용), 메톡시페노자이드·스피노사드(액상), 뷰프로페진·스피네토람(액상), 비스트리플루론·클로르페나피르(액상), 비펜트린·이미다클로프리드(수), 사이안트라닐리프롤(유), 사이안트라닐리프롤·피메트로진(입상), 스피네토람(액상, 입상), 아바멕틴·아세타미프리드(미탁), 아바멕틴·클로란트라닐리프롤(액상), 아세타미프리드(액), 아세타미프리드·스피네토람(액상), 아세타미프리드·에마멕틴벤조에이트(액, 입상), 아크리나트린(액상), 에마멕틴벤조에이트(액), 에마멕틴벤조에이트·플로니카미드(입상), 클로르페나피르(유), 클로르페나피르·에토펜프록스(유현), 클로티아니딘(수), 클로티아니딘·스피네토람(액상), 플룩사메타마이드(유탁), 피리달릴·스피네토람(유탁)이 있다.

바 온실가루이

영명 : Whiteflies
학명 : *Trialeurodes vaporariorum* (Westwood)

(1) 증상 및 발병조건

북아메리카에서 침입한 해충으로 전국의 비닐하우스에 발생한다. 1.4mm 정도의 흰색 날벌레로 1세대는 26일이며, 성충 수명은 30일이고, 150~300개의 알을 낳는다. 약충과 성충이 모두 식물체의 즙액을 빨아먹으며, 식물체의 잎과 새순의 생장이 저해되거나 퇴색된다. 배설물에 의해 그을음병이 유발되고 바이러스병을 매개한다.

(2) 방제법

육묘 시에 발생했을 때에는 철저히 방제한 후 아주심기해야 한다. 온실가루이 등록약제인 뷰프로페진·피리플루퀴나존(액상)을 살포하여 방제한다. 천적은 온실가루이좀벌(Encarsia formosa)과 곰팡이의 일종인

Verticillium lecanil가 실용화되어 있다.

 나방류

영명 : Cotton caterpillar
학병 : *Diaphania indica* (Saunder)

(1) 증상 및 발병조건

여름철에 많은 피해를 주는 해충으로 잎을 갉아먹고 엽맥만 남긴다. 유충은 머리가 담갈색이고 몸은 담록색이며 등에는 좌우로 2개 백색줄이 있고 고온을 좋아하여 25℃에서는 25일에 1세대를 완성하며 잎에서 번데기가 된다.

(2) 방제법

유충은 잎의 뒷면에서 잎을 갉아먹으므로 약제는 잎 뒷면에 처리해야 한다. 노숙유충은 약제 내성이 있으므로 유충이 어릴 때 잡아야 한다. 나방(파밤나방)에 등록된 약제는 감마사이할로트린(캡현), 노발루론(액상), 디플루벤주론·인독사카브(수), 람다사이할로트린·루페뉴론(유), 메톡시페노자이드(수), 메톡시페노자이드·스피노사드(액상), 비스트리플루론·플루벤디아마이드(액상), 비스트리플루론·플루페녹수론(액상), 비펜트린·인독사카브(수), 아세타미프리드·디플루벤주론(수), 아세타미프리드·플루벤디아마이드(입상), 에토펜프록스·피리달릴(미탁), 인독사카브(수, 유), 클로란트라닐리프롤(입상), 클로티아니딘·플루페녹수론(액상), 플루벤디아마이드(액상), 플루페녹수론(유), 플루페녹수론·메타플루미존(액상), 피리달릴(유탁)이 있다.

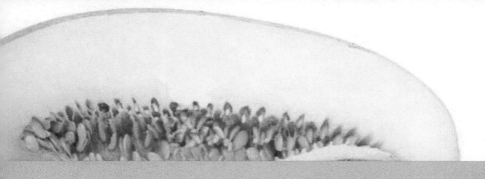

제 X 장
시설참외의
효율적인 경영과 유통

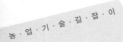
01 참외의 경영개선 방안

Growing oriental melon

가 품질향상

참외의 등급 간 도매시장 경락가격을 비교하여 보면 특품, 상품, 중품, 하품 간의 가격차이가 크게 나고 있다. 품질 간의 가격차이는 3~5월에 비해 6~9월에 더욱 크게 발생하는 것으로 나타났다. 즉 공급물량이 적고 수요가 많은 시기에는 등급 간 가격차이가 크지 않으나 공급량이 많고 소비대체품목이 많은 시기에는 등급 간 가격차이가 크게 나고 있다.

품질향상에 대한 접근은 소비자가 선호하는 품질을 살펴보는 것에서 출발하여야 한다. 소비자가 선호하는 참외의 색상과 외형은 색깔이 참외 고유의 맑은 노란색으로 골이 깊게 패고, 골 안쪽은 은색이 선명하며 꼭지가 가늘고, 육질은 단단하고 아삭아삭하며 두드려서 맑은 소리가 나는 것이다. 또한 모든 과채류에서와 같이 당도는 매우 중요한 품질의 기준이다.

품질향상을 위해서는 우선 지역특성에 맞는 작형, 품종을 선택하여 품종의 특성이 잘 발현될 수 있도록 재배하여야 한다. 미숙 혹은 과숙이 되지 않도록 적기에 수확이 이루어져야 한다.

나 비용절감

시설참외는 오이, 토마토와는 달리 집약생산을 통한 경영개선에는 어느 정도 한계가 있으며, 비용절감 문제가 경영개선 방안으로 적극적으로 검토되어야 할 것으로 판단된다.

시설참외 비목별 경영비 특성을 보면 경영비 중에서 제재료비, 시설감가상각비, 고용노력비, 비료비, 광열동력비, 종묘비 등의 순으로 구성비가 높으며, 시설채소 중 광열동력비의 비중이 낮은 것은 포복성작물로 하우스 내 터널보온을 통한 무가온으로 재배하기 때문이다.

시설을 자동화하는 경우 시설공간을 효율적으로 이용할 수 있는 새로운 재배방식의 도입이 필요하며, 시설이용률 제고를 위해 합리적인 작부체계를 수립하여 시설감가상각비를 줄여야 한다. 대농구상각비를 절감하기 위해서는 영농규모를 확대하거나 마을단위로 공동이용하는 것이 바람직하다.

표58

구분	종묘비	비료비	고용 노력비	광열 동력비	제재료비	영농시설 상각비	기타	계
금액	26	213	169	66	576	246	245	1,571
비율	(3.6)	(13.6)	(10.8)	(4.2)	(36.7)	(15.7)	(15.6)	(100%)

수확작업과 경합을 이루는 작업은 운반·저장, 선별·포장, 물관리, 병해충 방제, 온도관리, 순지르기 등 대부분 아주심은 후의 관리작업이다.

이들의 노력절감을 위해서는 선별기, 자동관수시설, 환경제어시스템, 천측창 자동개폐장치 등의 부대장치와 기계의 도입이 요구된다.

다 유통정보를 활용한 출하시기 및 판매시장 선택

시장 및 유통정보는 원활한 유통기능의 수행과 농가소득에 중요하다.

시장정보는 다양하게 구분될 수 있지만 소포장재를 선호하는지, 대과보다 소과를 선호하는지, 어떤 품종을 선호하는지 등 소비자의 선호변화와 판매방법에 관련된 장기적인 시장변화 측면과 판매시기, 판매시장 등에 관련한 단기적인 동향정보가 중요할 것이다.

농산물의 시장정보는 시장과 시기에 따라서 매우 다를 수 있으므로 정확한 정보를 입수하기가 곤란하다. 그러나 출하 전에 유통정보를 신속하고 정확하게 수집, 분석하여 시장동향을 정확히 파악하면 더욱 유리한 조건에서 생산물을 판매할 수 있다.

풍부한 시장정보의 확보는 상인과의 거래교섭력을 제고하기 위해서도 필요하다. 판매시장과 시기별 가격차이에 대한 정보를 신속하고 정확하게 알 수 있다면 시장별 판매비용과 비교하여 시장을 선택해야 한다. 또한 시장별 및 시기별로 형성되는 등급별 가격에 차이가 큰 경우가 많아 이를 고려하면 수취가격 제고에 도움이 될 수 있을 것이다.

한편 어느 시기에 판매하는가의 문제와 관련하여 시장별 반입동향과 가격동향에 대한 지속적인 파악으로 판매가격이 유리할 시기에 맞추어 수확시기를 조절하거나 저장 등을 생각해 볼 수 있다. 판매시기의 선택문제는 구체적으로 보면 매우 여러 가지의 경우에 적용 될 수 있다. 딸기와 같이 매우 단기간 내에 처리해야 하는 품목은 주요 시장의 일일별 가격정보를 꾸준히 검토해 보는 것이 유용하다. 또한 기상조건과 관련하여 매우 단기적으로 형성되는 가격들에 어떤 특성이 있는지를 고찰하여 출하시기를 조금씩 조절하는 것도 검토할 만하다.

작형에 따른 출하동향은 구체적으로 지역적 반입량, 등급수준, 가격수준 등이 파악되어야 하며, 출하시기 면에서 상호영향을 받을 수 있는 후식용 과채류와 과실 간 소비경합관계를 가지는 작목과 그 영향의 정도에 관한 정보는 매우 중요하다.

결국 농가의 입장에서 중요한 점은 소득향상을 위해 항상 소비자가 무엇을 원하는지 알아야 하며, 유통정보를 보다 구체적으로 파악하여 활용해야 한다는 점이다.

참외경영 컨설팅

(1) 컨설팅의 개념

컨설팅(Consulting)은 특정 대상에 대하여 해당 분야의 전문가가 자신의 전문지식을 활용하여 문제점을 분석(진단)하여 구체적인 해결 방안을 제시해 주는 것이다.

농가경영컨설팅은 경영컨설팅기법을 농가경영에 적용한 것으로서 '농가가 당면한 경영·기술상의 특정문제를 해결하기 위하여 그 문제에 관한 전문적인 지식을 갖춘 사람이 문제의 해결 방안을 강구한 후 농가에 제시하여 경영체가 경영을 개선해 나갈 수 있도록 권고하고 지도·자문하는 것'이라고 할 수 있다.

(2) 농가경영 컨설팅의 필요성

최근 우리나라의 농업도 일반 산업에서와 마찬가지로 경영에 관한 관심이 높아지고 있다. 그 이유는 첫째, 농업기술의 지속적인 발전으로 생산성이 향상되었다. 둘째, 농업 구조조정에 의한 개별농가의 경영규모 확대와 농업경영 환경의 변화로 보다 전문화된 농업경영의 필요성이 증대되었다.

또한 농업경영 주변환경의 변화로 과거에 비해 보다 많은 경영상의 문제들이 발생하고, 농업은 다른 산업분야에 비해 경영여건의 변화에 대한 적응력이 뒤떨어지는 형편이다. 따라서 농업경영상의 문제해결을 위한 전문가의 필요성이 다른 산업분야에 비해 더욱 높은 실정이다.

농촌진흥청에서는 농업인의 경영혁신 지원책의 일환으로 일반 기업체의 경영혁신기법인 벤치마킹기법을 우리 농업의 특수성과 경영여건에 맞도록 구성요소를 실천적으로 재구성하여 농가경영컨설팅에 활용함으로써 농업경영체의 경영혁신 노력을 적극적으로 뒷받침하고 있다.

현재 시·군 농업기술센터를 중심으로 컨설팅을 희망하는 농가에게 참외경영표준진단표를 이용하여 경영상태를 진단, 분석하여 처방하고 상담 지도를 해주고 있다.

(3) 시설참외 경영표준진단표의 특징

○ 경쟁적 벤치마킹 방식을 채택하여 경영핵심사항을 제시하고 있다.

○ 진단표는 크게 농가일반현황, 경영성과 지표, 세부평가 진단표, 종합평가진단표 등 4분야로 구분되어 있다.

○ 경영핵심사항을 항목별, 세부요소별로 요약하여 진단하고 지도할 수 있도록 구성되어 있다(4항목, 25세부 요소).

○ 기술·경영에 대한 구체적인 사항이 5단계로 구분되어 있다. (국내 평균 미만, 국내 평균, 국내 중상위, 국내 상위, 최고 선진수준)

○ 경영요소별(항목, 세부요소) 중요도에 따라 배점을 달리 주었다.
예) 환경관리 30점(광관리 3, 지온관리 7)

표59

성공요인	세부요인	효 과
시 설	○ 이중하우스에 알루미늄증착 보온재 터널 설치 ○ 천·측장, 강제환기장치의 센서 자동화	- 보온관리 노력절감 - 보온력향상 및 보온공간 극소화로 난방비 절감 - 무인환경관리로 노력절감 - 정밀관리로 품질향상
환경관리	○ 담수+태양열소독+약제소독 실시 ○ 온수보일러 지중가온 ○ 타이머부착 점적호수에 의한 생육기별 적정관수	- 토양 내 염류집적 경감으로 증수 - 토양전염병 발생 억제로 안전수확 - 초기활착으로 조기수량증대 - 균형흡비로 발효과 발생률 감소 - 지력확보로 수세유지 장기수확 - 열과 방지 및 당도 증진으로 품질향상
작물관리	○ 접목모종 이용 ○ 온도에 따라 착과제 처리농도 조절 ○ 색택과 향을 기준으로 수시 당도검사로 적기 수확	- 토양병해 예방으로 안전수확 - 착과율 향상으로 수량증대 - 소비자 기호의 변화에 부응한 상품생산으로 가격제고
경영관리	○ 선별포장센터 설치로 지역공동 규격에 의한 선별포장자동화 ○ 공동육묘, 트랙터 이용, 공동구입	- 포장·선별 노력절감 - 선별의 표준화에 의한 상품신뢰로 가격제고 - 육묘비용 절감 - 시설, 기계 고정비 절감 - 자재 저가 구입

02 농산물 유통환경의 변화와 대응방안
Growing oriental melon

가 고품질 안전농산물

최근 고품질 안전농산물의 중요성이 대두되고 있는 것은 고품질, 안전농산
물 생산 자체가 위협을 받고 있는 주변환경과 양보다 질을 중요시하는 경향이
강하기 때문이다.

백화점이나 할인유통점 등에서는 별도의 구분된 유기농산물코너를 만들어
농산물을 판매하고 있다. 이러한 현상은 서구 선진국에서는 일반화된 현상이
지만 건강과 자연식 등에 대한 국내소비자의 욕구 충족과 고품질 안전농산물
에 대한 소비자의 관심을 반영한 사례이다.

농가에서는 농약안전사용기준을 준수하여 재배한 농산물을 출하하고, 작
목반을 중심으로 농약사용에 대한 자체 교육 및 예방활동을 하는 것이 바람직
하다.

나 물류 효율화를 위한 대응

최근 정부에서는 농산물 물류개선을 위해 물류수송체계(ULS)시스템에 상
당한 예산을 투입하고 있다. 물류개선의 목적은 물류비용을 절감하는데 큰 목

적을 두고 있다. 또한 파렛풀시스템의 도입과 더불어 이를 위한 포장 규격화 등을 통해 기존의 유통비용을 현격히 낮추려 하고 있다.

또한 농산물유통업체들은 그들 간의 치열한 시장확보를 위한 경쟁에서 이기기 위해 최소한의 물류비용으로 농산물을 공급받으려고 할 것이다.

표준화와 등급화의 효과는 우선 신속하게 유사한 단위로 구분되어 집단화 과정을 용이하게 해 줌으로써 농산물의 취급과 이동이 효율적이다. 따라서 표준화하면 공동출하와 대량판매에 유리하고 수송비용절감도 가능하다.

이러한 변화에 대응하기 위해서 산지에서는 생산자조직을 내실화하여 산지유통시설을 공동이용하고 공동선별, 공동출하와 공동계산시스템을 적극 운영할 필요가 있다.

다 상품화 강화방안

미국의 마케팅학회에서는 브랜드를 『판매자가 자신의 상품이나 서비스를 다른 경쟁자와 구별해서 표시하기 위해 사용하는 명칭, 용어, 상징, 디자인 혹은 그 결합체』라 정의하고 있다. 농산물의 브랜드는 생산자를 표시·구분하고 내용물을 보증하는 고유의 기능과 구매동기를 유발하는 등 부대 기능을 수행해 준다. 생산기술의 발달과 시설재배면적의 증가로 예전과 같은 지역 간 품질 격차와 주산지의 개념이 점차 사라지고 있어 농산물 유통에서 브랜드가 차지하는 비중이 계속 증대되고 있다.

도정이나 도축의 가공공장을 반드시 거쳐야 하는 쌀과 축산물의 경우는 브랜드화가 용이하여 이미 상당 수준 브랜드화가 정착되고 있다. 하지만 청과물은 생산과 유통단위가 개별농가 또는 작목반 단위로 영세하여 브랜드화 추진에 어려움이 많다.

농산물의 브랜드를 강화하기 위해서는 산지유통시설을 이용하여 선별·포장의 표준화를 정착시키고 농산물에 대한 산지검사체제를 구축하여 품질보증 기능을 강화해야 한다. 작목반 중심의 영세 다수 브랜드를 읍면 또는 시·군 단위의 광역브랜드로 통합하고, 균일한 농산물 생산을 위한 재배기술의 평준화가 실현되어야 한다.

농산물 도매시장의 변화

최근 가락동 도매시장에서는 품위향상 및 속박이 근절, 소포장 선호 추세의 소비형태변화에 능동적으로 대응, 물류효율화에 적극 동참하기 위해서 기존의 대포장 위주에서 소포장, 기능성 있는 포장재로의 개선을 유도하고 있다.

농산물의 품질관리를 철저히 하기 위해 관리공사, 법인, 중도매인 3자 합동으로 품질관리 점검을 실시하고 중량미달, 속박이, 개수상이, 부패, 변질품, 필수기재사항 미표기 등의 지적사항 발생 시 박스전면에 불멸 스탬프 잉크로 지적사항을 표시하여 경락가격에 불이익을 제공한다.

'98년부터는 본격적으로 도입하여 품질인증 농산물 및 표준규격출하 관련 농산물에 대한 독자적인 감시활동을 실시하고 있다. 검사결과는 전 공영 도매시장과 지방자치단체 등에 통보하여 정보를 공유하고 제재조치로는 품질인증 불가 및 기존 인증품의 경우 허가취소는 물론 농검을 통한 포장재 지원 시 불이익을 준다.

또한 잔류농약검사를 강화하기 위해 '99년부터 본격적으로 도입하여 시장직권으로 잔류농약함유 농산물에 대해서는 폐기가 가능하도록 하고 있다.

위와 같은 도매시장의 변화에 대응하기 위해서는 먼저 개별농가에서 선과할 때 속박이 출하는 신용도 하락을 초래하여 장기적으로 불리하므로 생산농가가 등급기준별 균일한 선별작업을 하는 것이 필요하다.

일정한 품질을 꾸준히 생산하는 노력과 함께 철저한 선별, 포장으로 구매자에게 자기의 출하품이 신용과 이미지 면에서 좋은 평판을 받아 판로의 안정성과 가격 수취율을 제고해야 한다. 또한 농약잔류검사에 대응하기 위해서는 재배방법 개선 및 농약사용안전기준을 철저히 준수할 필요가 있다.

마 **물류센터의 변화**

농산물 물류센터는 ① 도매와 직판 소매가 통합된 새로운 형태의 농산물시장 ② 경매가 아닌 예약수의 거래 ③ 수집, 분산, 시설관리의 일원화 ④ 유통단계 축소 및 유통비용 절감 등의 특징을 가진다. 물류센터에서는 가격진폭의 완화와 가격결정에 출하자 참여, 물류비용 절감을 위한 물류수송체계(ULS)제도를 도입, 연중 24시간 농산물 입고, 전산수발주(EDI)시스템 운용에 따른 전산거래, 인터넷 홈페이지를 이용한 유통정보 교환 등을 실시하여 도매시장과의 차별화를 시도하고 있다.

위와 같은 물류센터의 유통환경에 대응하기 위해서는 생산지에서는 선별 및 포장을 출하의 핵심으로 인식하고, 최근의 단층투시형 소포장의 수요증가, 밀봉포장형태에서 개방형 상자로 변화(상부 투시 가능), 기능성포장(예냉처리용 상자, 통풍구 박스)의 확대 등 이러한 변화에 능동적으로 대처하는 것이 필요하다.

또한 물류센터 내에는 잔류농약 검사실을 운용하여 부적합 품목은 출하 정지시키고 있어 안전농산물 생산을 위한 농업인의 의식제고가 필요하다.

또한 물류센터가 활성화되기 위해서는 생산자와 산지농협을 중심으로 ① 생산자 조직(작목반, 농협)의 공동판매를 통한 출하 농산물의 규모화 이룩 ② 유통센터(APC) 등 최신 산지유통시설의 공동이용으로 규격선별, 포장화된 농산물의 표준화 실현 ③ 품질의 고급화가 되어야 한다.

참외

■ 위험요인 : 수확, 적심, 병해충방제 (허리, 다리/무릎, 어깨, 손/손목)

작업단계	파종, 육묘정식	정식	유인, 정지, 적심	병해충방제	수확, 운반
작업시기	12~1월	1월	3~4월	계속	4~5월
주요 유해요인	작업자세	작업자세	작업자세	작업자세, 농약	작업자세, 중량물

작업구분		문제점	주요 개선 방안
인간공학적요인	정식, 적심, 수확 (작업자세)	■ 줄기 및 과실의 낮은 위치로 인해 허리를 숙이거나 쪼그려 앉는 자세 반복(쪼그려 앉아 무릎을 땅에 대고 앉아있는 경우, 까치발에 신체 하중이 실리는 경우 있음)	■ 고랑폭 개선, 확대(최소 어깨너비 이상) ■ 이동 및 회전 가능한 보조의자 활용 ■ 오랜 작업 후의 긴 휴식보다는 중간 중간 짧은 휴식이 효과적임
	운반 (작업자세, 중량물)	■ 좁은 고랑 사이로 외발수레를 밀면서 수확 박스를 트럭 짐칸에 옮겨 운반 하는 반복적인 동작 으로 작업 부담 증가	■ 동력식 운반차 및 천장 레일 운반도구 활용
	병해충 방제 (농약)	■ 농약줄을 잡아당길 때 어깨 부담 ■ 등짐형 동력살포기의 경우 본체와 농약을 포함해서 약 30kg 이상의 중량을 지니고 있어서 작업자에게 부담	■ 하우스 천장내 농약 호스 레일 활용 ■ 농약 자동 호스 방제릴 활용 ■ 무인 자동 방제시설 활용
화학적요인	병해충 방제 (농약)	■ 농약 안전 보호구 미착용에 따른 급성 중독 위험 ■ 농약 보관함 미설치 및 관리 미비에 따른 안전 사고 발생 위험	■ 농약 방제횟수 최소화 ■ 농약 살포 후 2시간 이내 재출입 자제 ■ 농약 사용 설명서를 자세히 읽고 주의사항을 숙지 ■ 농약 안전 보호구 착용 ■ 농약 안전 사용 교육 ■ 농약 보관함 설치 및 관리 철저
물리적요인	하우스 내 모든 작업 (온열)	■ 5월중순에 이미 30℃이상을 초과해 한여름 경우 열사병, 열경련 등 우려	■ 온도 높을 때 농약 살포 작업 금지 ■ 하우스 내 환기로 쾌적한 하우스 환경 조성 ■ 하우스 출입 전후 중간휴식실에서 온도 적응 후 작업 실시 ■ 하우스 이동형 그늘막 설치 ■ 얼음조끼 활용 ■ 충분한 수분 섭취 ■ 뜨거운 한낮에는 작업 자제

-출처 : 농촌진흥청, 「농작업 유해요인 개선 방안」, 2013.

참외 재배 ●185

농업용어

ㄱ

가건(架乾)	걸어 말림
가경지(可耕地)	농사지을 수 있는 땅
가리(加里)	칼리
가사(假死)	기절
가식(假植)	임시 심기
가열육(加熱肉)	익힘 고기
가온(加溫)	온도높임
가용성(可溶性)	녹는, 가용성
가자(茄子)	가지
가잠(家蠶)	집누에, 누에
가적(假積)	임시 쌓기
가토(家兔)	집토끼, 토끼
가피(痂皮)	딱지
가해(加害)	해를 입힘
각(脚)	다리
각대(脚帶)	다리띠, 각대
각반병(角斑病)	모무늬병, 각반병
각피(殼皮)	겉껍질
간(干)	절임
간극(間隙)	틈새
간단관수(間斷灌水)	물걸러대기
간벌(間伐)	솎아내어 베기
간색(稈色)	줄기색
간석지(干潟地)	개펄, 개땅
간식(間植)	사이심기
간이잠실(簡易蠶室)	간이누엣간
간인기(間引機)	솎음기계
간작(間作)	사이짓기
간장(稈長)	키, 줄기길이
간채류(幹菜類)	줄기채소
간척지(干拓地)	개막은 땅, 간척지
갈강병(褐疆病)	갈색굳음병
갈근(葛根)	칡뿌리
갈문병(褐紋病)	갈색무늬병
갈반병(褐斑病)	갈색점무늬병, 갈반병
갈색엽고병 (褐色葉枯病)	갈색잎마름병
감과앵도(甘果櫻挑)	단앵두
감람(甘藍)	양배추
감미(甘味)	단맛
감별추(鑑別雛)	암수가린병아리, 가린병아리
감시(甘)	단감
감옥촉서(甘玉蜀黍)	단옥수수

감자(甘蔗)	사탕수수
감저(甘藷)	고구마
감주(甘酒)	단술, 감주
갑충(甲蟲)	딱정벌레
강두(豇豆)	동부
강력분(强力粉)	차진 밀가루, 강력분
강류(糠類)	등겨
강전정(强剪定)	된다듬질, 강전정
강제환우(制換羽)	강제 털갈이
강제휴면(制休眠)	움 재우기
개구기(開口器)	입벌리개
개구호흡(開口呼吸)	입 벌려 숨쉬기, 벌려 숨쉬기
개답(開沓)	논 풀기, 논 일구기
개식(改植)	다시 심기
개심형(開心形)	깔때기 모양, 속이 훤하게 드 러남
개열서(開裂)	터진 감자
개엽기(開葉期)	잎필 때
개협(開莢)	꼬투리 튐
개화기(開花期)	꽃필 때
개화호르몬 (開和hormome)	꽃피우기호르몬
객담(喀啖)	가래
객토(客土)	새흙넣기
객혈(喀血)	피를 토함
갱신전정(更新剪定)	노쇠한 나무를 젊은 상태로 재 생장시키기 위한 전정
갱신지(更新枝)	바꾼 가지
거세창(去勢創)	불친 상처
거접(据接)	제자리접
건(腱)	힘줄
건가(乾架)	말림틀
건견(乾繭)	말린 고치, 고치말리기
건경(乾莖)	마른 줄기
건국(乾麴)	마른누룩
건답(乾畓)	마른 논
건마(乾麻)	마른삼
건못자리	마른 못자리
건물중(乾物重)	마른 무게
건사(乾飼)	마른 먹이
건시(乾)	곶감
건율(乾栗)	말린 밤
건조과일(乾燥과일)	말린 과일
건조기(乾燥機)	말림틀, 건조기

건조무(乾燥무)	무말랭이	경수(莖數)	줄깃수
건조비율(乾燥比率)	마름률, 말림률	경식토(硬埴土)	점토함량이 60% 이하인 흙
건조화(乾燥花)	말린 꽃	경실종자(硬實種子)	굳은 씨앗
건채(乾采)	말린 나물	경심(耕深)	깊이 갈이
건초(乾草)	말린 풀	경엽(硬葉)	굳은 잎
건초조제(乾草調製)	꼴(풀) 말리기, 마른 풀 만들기	경엽(莖葉)	줄기와 잎
		경우(頸羽)	목털
건토효과(乾土效果)	마른 흙 효과, 흙말림 효과	경운(耕耘)	흙 갈이
검란기(檢卵機)	알 검사기	경운심도(耕耘深度)	흙 갈이 깊이
격년(隔年)	해거리	경운조(耕耘爪)	갈이날
격년결과(隔年結果)	해거리 열림	경육(頸肉)	목살
격리재배(隔離栽培)	따로 가꾸기	경작(硬作)	짓기
격사(隔沙)	자리떼기	경작지(硬作地)	농사땅, 농경지
격왕판(隔王板)	왕벌막이	경장(莖長)	줄기길이
격휴교호벌채법	이랑 건너 번갈아 베기	경정(莖頂)	줄기끝
(隔畦交互伐採法)		경증(輕症)	가벼운증세, 경증
견(繭)	고치	경태(莖太)	줄기굵기
견사(繭絲)	고치실(실크)	경토(耕土)	갈이흙
견중(繭重)	고치 무게	경폭(耕幅)	갈이 너비
견질(繭質)	고치질	경피감염(經皮感染)	살갗 감염
견치(犬齒)	송곳니	경화(硬化)	굳히기, 굳어짐
견흑수병(堅黑穗病)	속깜부기병	경화병(硬化病)	굳음병
결과습성(結果習性)	열매 맺음성, 맺음성	계(鷄)	닭
결과절위(結果節位)	열림마디	계관(鷄冠)	닭볏
결과지(結果枝)	열매가지	계단전(階段田)	계단밭
결구(結球)	알들이	계두(鷄痘)	닭마마
결속(結束)	묶음, 다발, 가지묶기	계류우사(繫留牛舍)	외양간
결실(結實)	열매맺기, 열매맺이	계목(繫牧)	매어기르기
결주(缺株)	빈포기	계분(鷄糞)	닭똥
결핍(缺乏)	모자람	계사(鷄舍)	닭장
결협(結莢)	꼬투리맺음	계상(鷄箱)	포갬 벌통
경경(莖徑)	줄기굵기	계속한천일수	계속 가뭄일수
경골(脛骨)	정강이뼈	(繼續旱天日數)	
경구감염(經口感染)	입감염	계역(鷄疫)	닭돌림병
경구투약(經口投藥)	약 먹이기	계우(鷄羽)	닭털
경련(痙攣)	떨림, 경련	계육(鷄肉)	닭고기
경립종(硬粒種)	굳음씨	고갈(枯渴)	마름
경백미(硬白米)	멥쌀	고랭지재배	고랭지가꾸기
경사지상전	비탈 뽕밭	(高冷地栽培)	
(傾斜地桑田)		고미(苦味)	쓴맛
경사휴재배	비탈 이랑 가꾸기	고사(枯死)	말라죽음
(傾斜畦栽培)		고삼(苦蔘)	너삼
경색(梗塞)	막힘, 경색	고설온상(高設溫床)	높은 온상
경산우(經產牛)	출산 소	고숙기(枯熟期)	고쉰 때
경수(硬水)	센물		

고온장일(高溫長日)	고온으로 오래 볕쬐기	과중(果重)	열매 무게
고온저장(高溫貯藏)	높은 온도에서 저장	과즙(果汁)	과일즙, 과즙
고접(高接)	높이 접붙임	과채류(果菜類)	열매채소
고조제(枯凋劑)	말림약	과총(果叢)	열매송이, 열매송이 무리
고즙(苦汁)	간수	과피(果皮)	열매 껍질
고취식압조	높이 떼기	과형(果形)	열매 모양
(高取式壓條)		관개수로(灌漑水路)	논물길
고토(苦土)	마그네슘	관개수심(灌漑水深)	댄 물깊이
고휴재배(高畦栽培)	높은 이랑 가꾸기(재배)	관수(灌水)	물주기
곡과(曲果)	굽은 과실	관주(灌注)	포기별 물주기
곡류(穀類)	곡식류	관행시비(慣行施肥)	일반적인 거름 주기
곡상충(穀象)	쌀바구미	광견병(狂犬病)	미친개병
곡아(穀蛾)	곡식나방	광발아종자	볕밭이씨
골간(骨幹)	뼈대, 골격, 골간	(光發芽種子)	
골격(骨格)	뼈대, 골간, 골격	광엽(廣葉)	넓은 잎
골분(骨粉)	뼛가루	광엽잡초(廣葉雜草)	넓은 잎 잡초
골연증(骨軟症)	뼈무름병, 골연증	광제잠종(製蠶種)	돌뱅이누에씨
공대(空袋)	빈 포대	광파재배(廣播栽培)	넓게 뿌려 가꾸기
공동경작(共同耕作)	어울려 짓기	괘대(掛袋)	봉지씌우기
공동과(空胴果)	속 빈 과실	괴경(塊莖)	덩이줄기
공시충(供試蟲)	시험벌레	괴근(塊根)	덩이뿌리
공태(空胎)	새끼를 배지 않음	괴상(塊狀)	덩이꼴
공한지(空閑地)	빈땅	교각(橋角)	뿔 고치기
공협(空莢)	빈꼬투리	교맥(蕎麥)	메밀
과경(果徑)	열매의 지름	교목(喬木)	큰키 나무
과경(果梗)	열매 꼭지	교목성(喬木性)	큰키 나무성
과고(果高)	열매 키	교미낭(交尾囊)	정받이 주머니
과목(果木)	과일나무	교상(咬傷)	물린 상처
과방(果房)	과실송이	교질골(膠質骨)	아교질 뼈
과번무(過繁茂)	웃자람	교호벌채(交互伐採)	번갈아 베기
과산계(寡産鷄)	알적게 낳는 닭,	교호작(交互作)	엇갈이 짓기
	적게 낳는 닭	구강(口腔)	입안
과색(果色)	열매 빛깔	구경(球莖)	알 줄기
과석(過石)	과린산석회, 과석	구고(球高)	알 높이
과수(果穗)	열매송이	구근(球根)	알 뿌리
과수(顆數)	고치수	구비(廐肥)	외양간 두엄
과숙(過熟)	농익음	구서(驅鼠)	쥐잡기
과숙기(過熟期)	농익을 때	구순(口脣)	입술
과숙잠(過熟蠶)	너무익은 누에	구제(驅除)	없애기
과실(果實)	열매	구주리(歐洲李)	유럽자두
과심(果心)	열매 속	구주율(歐洲栗)	유럽밤
과아(果芽)	과실 눈	구주종포도	유럽포도
과엽충(瓜葉)	오이잎벌레	(歐洲種葡萄)	
과육(果肉)	열매 살	구중(球重)	알 무게
과장(果長)	열매 길이	구충(驅蟲)	벌레 없애기, 기생충 잡기

구형아접(鉤形芽接)	갈고리눈접	기비(基肥)	밑거름
국(麴)	누룩	기잠(起蠶)	인누에
군사(群飼)	무리 기르기	기지(忌地)	땅가림
궁형정지(弓形整枝)	활꽃나무 다듬기	기형견(畸形繭)	기형고치
권취(卷取)	두루말이식	기형수(畸形穗)	기형이삭
규반비(硅攀比)	규산 알루미늄 비율	기호성(嗜好性)	즐기성, 기호성
균경(菌莖)	버섯 줄기, 버섯대	기휴식(寄畦式)	모듬이랑식
균류(菌類)	곰팡이류, 곰팡이붙이	길경(桔梗)	도라지
균사(菌絲)	팡이실, 곰팡이실		
균산(菌傘)	버섯갓		
균상(菌床)	버섯판	**ㄴ**	
균습(菌褶)	버섯살	나맥(裸麥)	쌀보리
균열(龜裂)	터짐	나백미(白米)	찹쌀
균파(均播)	고루뿌림	나종(裸種)	찰씨
균핵(菌核)	균씨	나흑수병(裸黑穗病)	겉깜부기병
균핵병(菌核病)	균씨병, 균핵병	낙과(落果)	떨어진 열매, 열매 떨어짐
균형시비(均衡施肥)	거름 갖춰주기	낙농(酪農)	젖소 치기, 젖소양치기
근경(根莖)	뿌리줄기	낙뢰(落雷)	떨어진 망울
근계(根系)	뿌리 뻗음새	낙수(落水)	물 떼기
근교원예(近郊園藝)	변두리 원예	낙엽(落葉)	진 잎, 낙엽
근군분포(根群分布)	뿌리 퍼짐	낙인(烙印)	불도장
근단(根端)	뿌리끝	낙화(落花)	진 꽃
근두(根頭)	뿌리머리	낙화생(落花生)	땅콩
근류균(根溜菌)	뿌리혹박테리아,	난각(卵殼)	알 껍질
	뿌리혹균	난기운전(暖機運轉)	시동운전
근모(根毛)	뿌리털	난도(亂蹈)	날뜀
근부병(根腐病)	뿌리썩음병	난중(卵重)	알무게
근삽(根插)	뿌리꽂이	난형(卵形)	알모양
근아충(根蚜蟲)	뿌리혹벌레	난황(卵黃)	노른자위
근압(根壓)	뿌리압력	내건성(耐乾性)	마름견딜성
근얼(根蘖)	뿌리벌기	내구연한(耐久年限)	견디는 연수
근장(根長)	뿌리길이	내냉성(耐冷性)	찬기운 견딜성
근접(根接)	뿌리접	내도복성(耐倒伏性)	쓰러짐 견딜성
근채류(根菜類)	뿌리채소류	내반경(內返耕)	안쪽 돌아갈이
근형(根形)	뿌리모양	내병성(耐病性)	병 견딜성
근활력(根活力)	뿌리힘	내비성(耐肥性)	거름 견딜성
급사기(給飼器)	모이통, 먹이통	내성(耐性)	견딜성
급상(給桑)	뽕주기	내염성(耐鹽性)	소금기 견딜성
급상대(給桑臺)	채반받침틀	내충성(耐蟲性)	벌레 견딜성
급상량(給桑量)	뽕주는 양	내피(內皮)	속껍질
급수기(給水器)	물그릇, 급수기	내피복(內被覆)	속덮기, 속덮개
급이(給飴)	먹이	내한(耐旱)	가뭄 견딤
급이기(給飴器)	먹이통	내향지(內向枝)	안쪽 뻗은 가지
기공(氣孔)	숨구멍	냉동육(冷凍肉)	얼린 고기
기관(氣管)	숨통, 기관	냉수관개(冷水灌漑)	찬물대기

냉수답(冷水畓)	찬물 논
냉수용출답 (冷水湧出畓)	샘논
냉수유입답 (冷水流入畓)	찬물받이 논
냉온(冷溫)	찬기
노	머위
노계(老鷄)	묵은 닭
노목(老木)	늙은 나무
노숙유충(老熟幼蟲)	늙은 애벌레, 다 자란 유충
노임(勞賃)	품삯
노지화초(露地花草)	한데 화초
노폐물(老廢物)	묵은 찌꺼기
노폐우(老廢牛)	늙은 소
노화(老化)	늙음
노화묘(老化苗)	쇤모
노후화답(老朽化畓)	해식은 논
녹변(綠便)	푸른 똥
녹비(綠肥)	풋거름
녹비작물(綠肥作物)	풋거름 작물
녹비시용(綠肥施用)	풋거름 주기
녹사료(綠飼料)	푸른 사료
녹음기(綠陰期)	푸른철, 숲 푸른철
녹지삽(綠枝揷)	풋가지꽂이
농번기(農繁期)	농사철
농병(膿病)	고름병
농약살포(農藥撒布)	농약 뿌림
농양(膿瘍)	고름집
농업노동(農業勞動)	농사품, 농업노동
농종(膿腫)	고름종기
농지조성(農地造成)	농지일구기
농축과즙(濃縮果汁)	진한 과즙
농포(膿泡)	고름집
농혈증(膿血症)	피고름증
농후사료(濃厚飼料)	기름진 먹이
뇌	봉오리
뇌수분(雷受粉)	봉오리 가루받이
누관(淚管)	눈물관
누낭(淚囊)	눈물 주머니
누수답(漏水畓)	시루논
다(茶)	차

다년생(多年生)	여러해살이
다년생초화 (多年生草化)	여러해살이 꽃
다독아(茶毒蛾)	차나무독나방
다두사육(多頭飼育)	무리기르기
다모작(多毛作)	여러 번 짓기
다비재배(多肥栽培)	길게 가꾸기
다수확품종 (多收種品種)	소출 많은 품종
다육식물(多肉植物)	잎이나 줄기에 수분이 많은 식물
다즙사료(多汁飼料)	물기 많은 먹이
다화성잠저병 (多花性蠶疽病)	누에쉬파리병
다회육(多回育)	여러 번 치기
단각(斷角)	뿔자르기
단간(短稈)	짧은키
단간수수형품종 (短稈穗數型品種)	키작고 이삭 많은 품종
단간수중형품종 (短稈穗重型品種)	키작고 이삭 큰 품종
단경기(端境期)	때아닌 철
단과지(短果枝)	짧은 열매가지, 단과지
단교잡종(單交雜種)	홑트기씨. 단교잡종
단근(斷根)	뿌리끊기
단립구조(單粒構造)	홑알 짜임
단립구조(團粒構造)	떼알 짜임
단망(短芒)	짧은 가락
단미(斷尾)	꼬리 자르기
단소전정(短剪定)	짧게 치기
단수(斷水)	물 끊기
단시형(短翅型)	짧은날개꼴
단아(單芽)	홑눈
단아삽(短芽揷)	외눈꺾꽂이
단안(單眼)	홑눈
단열재료(斷熱材料)	열을 막아주는 재료
단엽(單葉)	홑잎
단원형(短圓型)	둥근모양
단위결과(單爲結果)	무수정 열매맺음
단위결실(單爲結實)	제꽃 열매맺이, 제꽃맺이
단일성식물 (短日性植物)	짧은볕식물
단자삽(團子揷)	경단꽂이
단작(單作)	홑짓기
단제(單蹄)	홑굽

190

단지(短枝)	짧은 가지	도장지(徒長枝)	웃자람 가지
담낭(膽囊)	쓸개	도적아충(挑赤)	복숭아붉은진딧물
담석(膽石)	쓸개돌	도체율(屠體率)	통고기율, 머리, 발목,
담수(湛水)	물 담김		내장을 제외한 부분
담수관개(湛水觀漑)	물 가두어 대기	도포제(塗布劑)	바르는 약
담수직파(湛水直播)	무논뿌림,	도한(盜汗)	식은땀
	무논 바로 뿌리기	독낭(毒囊)	독주머니
담자균류(子菌類)	자루곰팡이붙이,	독우(犢牛)	송아지
	자루곰팡이류	독제(毒劑)	독약, 독제
담즙(膽汁)	쓸개즙	돈(豚)	돼지
답리작(畓裏作)	논뒷그루	돈단독(豚丹毒)	돼지단독(병)
답압(踏壓)	밟기	돈두(豚痘)	돼지마마
답입(踏)	밟아넣기	돈사(豚舍)	돼지우리
답작(畓作)	논농사	돈역(豚疫)	돼지돌림병
답전윤환(畓田輪換)	논밭 돌려짓기	돈콜레라(豚cholerra)	돼지콜레라
답전작(畓前作)	논앞그루	돈폐충(豚肺蟲)	돼지폐충
답차륜(畓車輪)	논바퀴	동고병(胴枯病)	줄기마름병
답후작(畓後作)	논뒷그루	동기전정(冬期剪定)	겨울가지치기
당약(當藥)	쓴 풀	동맥류(動脈瘤)	동맥혹
대국(大菊)	왕국화, 대국	동면(冬眠)	겨울잠
대두(大豆)	콩	동모(冬毛)	겨울털
대두박(大豆粕)	콩깻묵	동백과(冬栢科)	동백나무과
대두분(大豆粉)	콩가루	동복자(同腹子)	한배 새끼
대두유(大豆油)	콩기름	동봉(動蜂)	일벌
대립(大粒)	굵은알	동비(冬肥)	겨울거름
대립종(大粒種)	굵은씨	동사(凍死)	얼어죽음
대마(大麻)	삼	동상해(凍霜害)	서리피해
대맥(大麥)	보리, 겉보리	동아(冬芽)	겨울눈
대맥고(大麥藁)	보릿짚	동양리(東洋李)	동양자두
대목(臺木)	바탕나무,	동양리(東洋梨)	동양배
대목아(臺木牙)	바탕이 되는 나무	동작(冬作)	겨울가꾸기
	대목눈	동작물(冬作物)	겨울작물
대장(大腸)	큰창자	동절견(胴切繭)	허리 얇은 고치
대추(大雛)	큰병아리	동채(冬菜)	무갓
대퇴(大腿)	넓적다리	동통(疼痛)	아픔
도(桃)	복숭아	동포자(冬胞子)	겨울 홀씨
도고(稻藁)	볏짚	동할미(胴割米)	금간 쌀
도국병(稻麴病)	벼이삭누룩병	동해(凍害)	언 피해
도근식엽충(稻根喰葉蟲)	벼뿌리잎벌레	두과목초(豆科牧草)	콩과 목초(풀)
도복(倒伏)	쓰러짐	두과작물(豆科作物)	콩과작물
도복방지(倒伏防止)	쓰러짐 막기	두류(豆類)	콩류
도봉(盜蜂)	도둑벌	두리(豆李)	콩배
도수로(導水路)	물 댈 도랑	두부(頭部)	머리, 두부
도야도아(稻夜盜蛾)	벼도둑나방	두유(豆油)	콩기름
도장(徒長)	웃자람	두창(痘瘡)	마마, 두창

농업용어

두화(頭花)	머리꽃	매문병(煤紋病)	그을음무늬병, 매문병
둔부(臀部)	궁둥이	매병(煤病)	그을음병
둔성발정(鈍性發精)	미약한 발정	매초(埋草)	담근 먹이
드릴파	좁은줄뿌림	맥간류(麥稈類)	보릿짚류
등숙기(登熟期)	여뭄 때	맥강(麥糠)	보릿겨
등숙비(登熟肥)	여뭄 거름	맥답(麥畓)	보리논
		맥류(麥類)	보리류
		맥발아충(麥髮蚜蟲)	보리깔진딧물
ㅁ		맥쇄(麥碎)	보리싸라기
		맥아(麥蛾)	보리나방
마두(馬痘)	말마마	맥전답압(麥田踏壓)	보리밭 밟기, 보리 밟기
마령서(馬鈴薯)	감자	맥주맥(麥酒麥)	맥주보리
마령서아(馬鈴薯蛾)	감자나방	맥후작(麥後作)	모리뒷그루
마록묘병(馬鹿苗病)	키다리병	맹(蝱)	등에
마사(馬舍)	마굿간	맹아(萌芽)	움
마쇄(磨碎)	갈아부수기, 갈부수기	멀칭(mulching)	바닥덮기
마쇄기(磨碎機)	갈아 부수개	면(眠)	잠
마치종(馬齒種)	말이씨, 오목씨	면견(綿繭)	솜고치
마포(麻布)	삼베, 마포	면기(眠期)	잠잘때
만기재배(晚期栽培)	늦가꾸기	면류(麵類)	국수류
만반(蔓返)	덩굴뒤집기	면실(棉實)	목화씨
만상(晚霜)	늦서리	면실박(棉實粕)	목화씨깻묵
만상해(晚霜害)	늦서리 피해	면실유(棉實油)	목화씨기름
만생상(晚生桑)	늦뽕	면양(緬羊)	털염소
만생종(晚生種)	늦씨, 늦게 가꾸는 씨앗	면잠(眠蠶)	잠누에
만성(蔓性)	덩굴쇠	면제사(眠除沙)	잠똥갈이
만성식물(蔓性植物)	덩굴성식물, 덩굴식물	면포(棉布)	무명(베), 면포
만숙(晚熟)	늦익음	면화(棉花)	목화
만숙립(晚熟粒)	늦여문알	명거배수(明渠排水)	겉도랑 물빼기,
만식(晚植)	늦심기		겉도랑빼기
만식이앙(晚植移秧)	늦모내기	모계(母鷄)	어미닭
만식재배(晚植栽培)	늦심어 가꾸기	모계육추(母鷄育雛)	품어 기르기
만연(蔓延)	번짐, 퍼짐	모독우(牡犢牛)	황송아지, 수송아지
만절(蔓切)	덩굴치기	모돈(母豚)	어미돼지
만추잠(晚秋蠶)	늦가을누에	모본(母本)	어미그루
만파(晚播)	늦뿌림	모지(母枝)	어미가지
만할병(蔓割病)	덩굴쪼개병	모피(毛皮)	털가죽
만화형(蔓化型)	덩굴지기	목건초(牧乾草)	목초 말린풀
망사피복(網紗避覆)	망사덮기, 망사덮개	목단(牧丹)	모란
망입(網入)	그물넣기	목본류(木本類)	나무붙이
망장(芒長)	까락길이	목야(초)지(牧野草地)	꼴밭, 풀밭
망진(望診)	겉보기 진단, 보기 진단	목제잠박(木製蠶箔)	나무채반, 나무누에채반
망취법(網取法)	그물 떼내기법	목책(牧柵)	울타리, 목장 울타리
매(梅)	매실	목초(牧草)	꼴, 풀
매간(梅干)	매실절이	몽과(果)	망고
매도(梅挑)	앵두		

몽리면적(蒙利面積)	물 댈 면적		
묘(苗)	모종		
묘근(苗根)	모뿌리	바인더(binder)	베어묶는 기계
묘대(苗垈)	못자리	박(粕)	깻묵
묘대기(苗垈期)	못자리때	박력분(薄力粉)	메진 밀가루
묘령(苗齡)	모의 나이	박파(薄播)	성기게 뿌림
묘매(苗)	멍석딸기	박피(剝皮)	껍질벗기기
묘목(苗木)	모나무	박피견(薄皮繭)	얇은고치
묘상(苗床)	모판	반경지삽(半硬枝插)	반굳은 가지꽂이,
묘판(苗板)	못자리		반굳은꽂이
무경운(無耕耘)	갈지 않음	반숙퇴비(半熟堆肥)	반썩은 두엄
무기질토양	무기질 흙	반억제재배	반늦추어 가꾸기
(無機質土壤)		(半抑制栽培)	
무망종(無芒種)	까락 없는 씨	반엽병(斑葉病)	줄무늬병
무종자과실	씨 없는 열매	반전(反轉)	뒤집기
(無種子果實)		반점(斑點)	얼룩점
무증상감염	증상 없이 옮김	반점병(斑點病)	점무늬병
(無症狀感染)		반촉성재배	반당겨 가꾸기
무핵과(無核果)	씨없는 과실	(半促成栽培)	
무효분얼기	헛가지 치기	반추(反芻)	되새김
((無效分蘖期)		반흔(搬痕)	딱지자국
무효분얼종지기	헛가지 치기 끝날 때	발근(發根)	뿌리내림
(無效分蘖終止期)		발근제(發根劑)	뿌리내림약
문고병(紋故病)	잎집무늬마름병	발근촉진(發根促進)	뿌리내림 촉진
문단(文旦)	문단귤	발병엽수(發病葉數)	병든 잎수
미강(米糠)	쌀겨	발병주(發病株)	병든포기
미경산우(未經産牛)	새끼 안낳는 소	발아(發蛾)	싹트기, 싹틈
미곡(米穀)	쌀	발아적온(發芽適溫)	싹트기 알맞은 온도
미국(米麴)	쌀누룩	발아촉진(發芽促進)	싹트기 촉진
미립(米粒)	쌀알	발아최성기	나방제철
미립자병(微粒子病)	잔알병	(發芽最盛期)	
미숙과(未熟課)	선열매, 덜 여문 열매	발열(發熱)	열남, 열냄
미숙답(未熟畓)	덜된 논	발우(拔羽)	털뽑기
미숙립(未熟粒)	덜 여문 알	발우기(拔羽機)	털뽑개
미숙잠(未熟蠶)	설익은 누에	발육부전(發育不全)	제대로 못자람
미숙퇴비(未熟堆肥)	덜썩은 두엄	발육사료(發育飼料)	자라는데 주는 먹이
미우(尾羽)	꼬리깃	발육지(發育枝)	자람가지
미질(米質)	쌀의 질, 쌀품질	발육최성기	한창 자랄 때
밀랍(蜜蠟)	꿀밀	(發育最盛期)	
밀봉(蜜蜂)	꿀벌	발정(發情)	암내
밀사(密飼)	배게기르기	발한(發汗)	땀남
밀선(蜜腺)	꿀샘	발효(醱酵)	띄우기
밀식(密植)	배게심기, 빽빽하게 심기	방뇨(防尿)	오줌누기
밀원(蜜源)	꿀밭	방목(放牧)	놓아 먹이기
밀파(密播)	배게뿌림, 빽빽하게 뿌림	방사(放飼)	놓아 기르기

방상(防霜)	서리막기	보파(補播)	덧뿌림
방풍(防風)	바람막이	보행경직(步行硬直)	뻗장 걸음
방한(防寒)	추위막이	보행창흔(步行瘡痕)	비틀 걸음
방향식물(芳香植物)	향기식물	복개육(覆蓋育)	덮어치기
배(胚)	씨눈	복교잡종(複交雜種)	겹트기씨
배뇨(排尿)	오줌 빼기	복대(覆袋)	봉지 씌우기
배배양(胚培養)	씨눈배양	복백(腹白)	겉백이
배부식분무기	등으로 매는 분무기	복아(複芽)	겹눈
(背負式噴霧器)		복아묘(複芽苗)	겹눈모
배부형(背負形)	등짐식	복엽(複葉)	겹잎
배상형(盃狀形)	사발꼴	복접(腹接)	허리접
배수(排水)	물빼기	복지(匍枝)	기는 줄기
배수구(排水溝)	물뺄 도랑	복토(覆土)	흙덮기
배수로(排水路)	물뺄 도랑	복통(腹痛)	배앓이
배아비율(胚芽比率)	씨눈비율	복합아(複合芽)	겹눈
배유(胚乳)	씨젖	본답(本畓)	본논
배조맥아(焙燥麥芽)	말린 엿기름	본엽(本葉)	본잎
배초(焙焦)	볶기	본포(本圃)	제밭, 본밭
배토(培土)	북주기, 흙 북돋아 주기	봉군(蜂群)	벌떼
배토기(培土機)	북주개, 작물사이의 흙을 북	봉밀(蜂蜜)	벌꿀, 꿀
	돋아 주는데 사용하는 기계	봉상(蜂箱)	벌통
백강병(白疆病)	흰굳음병	봉침(蜂針)	벌침
백리(白痢)	흰설사	봉합선(縫合線)	솔기
백미(白米)	흰쌀	부고(敷藁)	깔짚
백반병(白斑病)	흰무늬병	부단급여(不斷給與)	대먹임, 계속 먹임
백부병(百腐病)	흰썩음병	부묘(浮苗)	뜬모
백삽병(白澁病)	흰가루병	부숙(腐熟)	썩힘
백쇄미(白碎米)	흰싸라기	부숙도(腐熟度)	썩은 정도
백수(白穗)	흰마름 이삭	부숙퇴비(腐熟堆肥)	썩은 두엄
백엽고병(白葉枯病)	흰잎마름병	부식(腐植)	써거리
백자(栢子)	잣	부식토(腐植土)	써거리 흙
백채(白菜)	배추	부신(副腎)	곁콩팥
백합과(百合科)	나리과	부아(副芽)	덧눈
변속기(變速機)	속도조절기	부정근(不定根)	막뿌리
병과(病果)	병든 열매	부정아(不定芽)	막눈
병반(病斑)	병무늬	부정형견(不定形繭)	못생긴 고치
병소(病巢)	병집	부제병(腐蹄病)	발굽썩음병
병우(病牛)	병든 소	부종(浮種)	붓는 병
병징(病徵)	병증세	부주지(副主枝)	버금가지
보비력(保肥力)	거름을 지닐 힘	부진자류(浮塵子類)	멸구매미충류
보수력(保水力)	물 지닐힘	부초(敷草)	풀 덮기
보수일수(保水日數)	물 지닐 일수	부패병(腐敗病)	썩음병
보식(補植)	메워서 심기	부화(孵化)	알깨기, 알까기
보양창흔(步榛瘡痕)	비틀거림	부화약충(孵化若)	갓 깬 애벌레
보정법(保定法)	잡아매기	분근(分根)	뿌리나누기

분뇨(糞尿)	똥오줌	비옥(肥沃)	걸기
분만(分娩)	새끼낳기	비유(泌乳)	젖나기
분만간격(分娩間隔)	터울	비육(肥育)	살찌우기
분말(粉末)	가루	비육양돈(肥育養豚)	살돼지 기르기
분무기(噴霧機)	뿜개	비음(庇陰)	그늘
분박(分箔)	채반기름	비장(臟)	지라
분봉(分蜂)	벌통가르기	비절(肥絶)	거름 떨어짐
분사(粉飼)	가루먹이	비환(鼻環)	코뚜레
분상질소맥	메진 밀	비효(肥效)	거름효과
(粉狀質小麥)		빈독우(牝犢牛)	암송아지
분시(分施)	나누어 비료주기	빈사상태(瀕死狀態)	다죽은 상태
분식(粉食)	가루음식	빈우(牝牛)	암소
분얼(分蘖)	새끼치기		
분얼개도(分蘖開度)	포기 퍼짐새		
분얼경(分蘖莖)	새끼친 줄기	ㅅ	
분얼기(分蘖期)	새끼칠 때	사(砂)	모래
분얼비(分蘖肥)	새끼칠 거름	사견양잠(絲繭養蠶)	실고치 누에치기
분얼수(分蘖數)	새끼친 수	사경(砂耕)	모래 가꾸기
분얼절(分蘖節)	새끼마디	사과(絲瓜)	수세미
분얼최성기	새끼치기 한창 때	사근접(斜根接)	뿌리엇접
(分蘖最盛期)		사낭(砂嚢)	모래주머니
분의처리(粉依處理)	가루묻힘	사란(死卵)	곤달걀
분재(盆栽)	분나무	사력토(砂礫土)	자갈흙
분제(粉劑)	가루약	사롱견(死籠繭)	번데기가 죽은 고치
분주(分株)	포기나눔	사료(飼料)	먹이
분지(分枝)	가지벌기	사료급여(飼料給與)	먹이주기
분지각도(分枝角度)	가지벌림새	사료포(飼料圃)	사료밭
분지수(分枝數)	번 가지수	사망(絲網)	실그물
분지장(分枝長)	가지길이	사면(四眠)	넉잠
분총(分)	쪽파	사멸온도(死滅溫度)	죽는 온도
불면잠(不眠蠶)	못자는 누에	사비료작물	먹이 거름작물
불시재배(不時栽培)	때없이 가꾸기	(飼肥料作物)	
불시출수(不時出穗)	때없이 이삭패기,	사사(舍飼)	가둬 기르기
	불시아삭패기	사산(死産)	죽은 새끼낳음
불용성(不溶性)	안녹는	사삼(沙蔘)	더덕
불임도(不姙稻)	쭉정이벼	사성휴(四盛畦)	네가웃지기
불임립(不稔粒)	쭉정이	사식(斜植)	빗심기, 사식
불탈견아(不脫繭蛾)	못나온 나방	사양(飼養)	치기, 기르기
비경(鼻鏡)	콧등, 코거울	사양토(砂壤土)	모래참흙
비공(鼻孔)	콧구멍	사육(飼育)	기르기, 치기
비등(沸騰)	끓음	사접(斜接)	엇접
비료(肥料)	거름	사조(飼槽)	먹이통
비루(鼻淚)	콧물	사조맥(四條麥)	네모보리
비배관리(肥培管理)	거름주어 가꾸기	사총(絲蔥)	실파
비산(飛散)	흩날림	사태아(死胎兒)	죽은 태아

사토(砂土)	모래흙	상아고병(桑芽枯病)	뽕나무눈마름병,
삭	다래		뽕눈마름병
삭모(削毛)	털깎기	상엽(桑葉)	뽕잎
삭아접(削芽接)	깍기눈접	상엽충(桑葉)	뽕잎벌레
삭제(削蹄)	발굽깎기, 굽깍기	상온(床溫)	모판온도
산과앵도(酸果櫻挑)	신앵두	상위엽(上位葉)	윗잎
산도교정(酸度矯正)	산성고치기	상자육(箱子育)	상자치기
산란(產卵)	알낳기	상저(上藷)	상고구마
산리(山李)	산자두	상전(桑田)	뽕밭
산미(酸味)	신맛	상족(上蔟)	누에올리기
산상(山桑)	산뽕	상주(霜柱)	서릿발
산성토양(酸性土壤)	산성흙	상지척확(桑枝尺)	뽕나무자벌레
산식(散植)	흩어심기	상천우(桑天牛)	뽕나무하늘소
산약(山藥)	마	상토(床土)	모판흙
산양(山羊)	염소	상폭(上幅)	윗너비, 상폭
산양유(山羊乳)	염소젖	상해(霜害)	서리피해
산유(酸乳)	젖내기	상흔(傷痕)	흉터
산유량(酸乳量)	우유 생산량	색택(色澤)	빛깔
산육량(產肉量)	살코기량	생견(生繭)	생고치
산자수(產仔數)	새끼수	생경중(生莖重)	풋줄기무게
산파(散播)	흩뿌림	생고중(生藁重)	생짚 무게
산포도(山葡萄)	머루	생돈(生豚)	생돼지
살분기(撒粉機)	가루뿜개	생력양잠(省力養蠶)	노동력 줄여 누에치기
삼투성(滲透性)	스미는 성질	생력재배(省力栽培)	노동력 줄여 가꾸기
삽목(插木)	꺾꽂이	생사(生飼)	날로 먹이기
삽목묘(插木苗)	꺾꽂이모	생시체중(生時體重)	날때 몸무게
삽목상(插木床)	꺾꽂이 모판	생식(生食)	날로 먹기
삽미(澁味)	떫은 맛	생유(生乳)	날젖
삽상(插床)	꺾꽂이 모판	생육(生肉)	날고기
삽수(插穗)	꺾꽂이순	생육상(生育狀)	자라는 모양
삽시(插柿)	떫은 감	생육적온(生育適溫)	자라기 적온,
삽식(插植)	꺾꽂이		자라기 맞는 온도
삽접(插接)	꽂이접	생장률(生長率)	자람비율
상(床)	모판	생장조정제	생장조정약
상개각충(桑介殼)	뽕깍지 벌레	(生長調整劑)	
상견(上繭)	상등고치	생전분(生澱粉)	날녹말
상면(床面)	모판바닥	서(黍)	기장
상명아(桑螟蛾)	뽕나무명나방	서강사료(薯糠飼料)	겨감자먹이
상묘(桑苗)	뽕나무묘목	서과(西瓜)	수박
상번초(上繁草)	키가 크고 잎이	서류(薯類)	감자류
	위쪽에 많은 풀	서상층(鋤床層)	쟁기밑층
상습지(常習地)	자주나는 곳	서양리(西洋李)	양자두
상심(桑)	오디	서혜임파절	사타구니임파절
상심지영승	뽕나무순혹파리	(鼠蹊淋巴節)	
(湘芯止蠅)		석답(潟畓)	갯논

석분(石粉)	돌가루	소광(巢)	벌집틀
석회고(石灰藁)	석회짚	소국(小菊)	잔국화
석회석분말	석회가루	소낭(囊)	모이주머니
(石灰石粉末)		소두(小豆)	팥
선견(選繭)	고치 고르기	소두상충(小豆象)	팥바구미
선과(選果)	과실 고르기	소립(小粒)	잔알
선단고사(先端枯死)	끝마름	소립종(小粒種)	잔씨
선단벌채(先端伐採)	끝베기	소맥(小麥)	밀
선란기(選卵器)	알고르개	소맥고(小麥藁)	밀짚
선모(選毛)	털고르기	소맥부(小麥)	밀기울
선종(選種)	씨고르기	소맥분(小麥粉)	밀가루
선택성(選擇性)	가릴성	소문(巢門)	벌통문
선형(扇形)	부채꼴	소밀(巢蜜)	개꿀, 벌통에서 갓 떼어내 벌
선회운동(旋回運動)	맴돌이운동, 맴돌이		집에 그대로 들어있는 꿀
설립(粒)	쭉정이	소비(巢脾)	밀랍으로 만든 벌집
설미(米)	쭉정이쌀	소비재배(小肥栽培)	거름 적게 주어 가꾸기
설서(薯)	잔감자	소상(巢箱)	벌통
설저(藷)	잔고구마	소식(疎植)	성글게 심기, 드물게 심기
설하선(舌下腺)	혀밑샘	소양증(瘙痒症)	가려움증
설형(楔形)	쐐기꼴	소엽(蘇葉)	차조기잎, 차조기
섬세지(纖細枝)	실가지	소우(素牛)	밑소
섬유장(纖維長)	섬유길이	소잠(掃蠶)	누에떨기
성계(成鷄)	큰닭	소주밀식(小株密植)	적게 잡아 배게심기
성과수(成果樹)	자란 열매나무	소지경(小枝梗)	벼알가지
성돈(成豚)	자란 돼지	소채아(小菜蛾)	배추좀나방
성목(成木)	자란 나무	소초(巢礎)	벌집틀바탕
성묘(成苗)	자란 모	소토(燒土)	흙 태우기
성숙기(成熟期)	익음 때	속(束)	묶음, 다발, 뭇
성엽(成葉)	다자란 잎, 자란 잎	속(粟)	조
성장률(成長率)	자람 비율	속명충(粟螟)	조명나방
성추(成雛)	큰병아리	속성상전(速成桑田)	속성 뽕밭
성충(成蟲)	어른벌레	속성퇴비(速成堆肥)	빨리 썩은 두엄
성토(成兎)	자란 토끼	속야도충(粟夜盜)	멸강나방
성토법(盛土法)	묻어떼기	속효성(速效性)	빨리 듣는
성하기(盛夏期)	한여름	쇄미(碎米)	싸라기
세균성연화병	세균무름병	쇄토(碎土)	흙 부수기
(細菌性軟化病)		수간(樹間)	나무 사이
세근(細根)	잔뿌리	수견(收繭)	고치따기
세모(洗毛)	털 씻기	수경재배(水耕栽培)	물로 가꾸기
세잠(細蠶)	가는 누에	수고(樹高)	나무키
세절(細切)	잘게 썰기	수고병(穗枯病)	이삭마름병
세조파(細條播)	가는 줄뿌림	수광(受光)	빛살받기
세지(細枝)	잔가지	수도(水稻)	벼
세척(洗滌)	씻기	수도이앙기	모심개
소각(燒却)	태우기	(水稻移秧機)	

수동분무기 (手動噴霧器)	손뿜개
수두(獸痘)	짐승마마
수령(樹齡)	나무나이
수로(水路)	도랑
수리불안전답 (水利不安全畓)	물사정 나쁜 논
수리안전답 (水利安全畓)	물 사정 좋은 논
수면처리(水面處理)	물위처리
수모(獸毛)	짐승털
수묘대(水苗垈)	물 못자리
수밀(蒐蜜)	꿀 모으기
수발아(穗發芽)	이삭 싹나기
수병(銹病)	녹병
수분(受粉)	꽃가루받이, 가루받이
수분(水分)	물기
수분수(授粉樹)	가루받이 나무
수비(穗肥)	이삭거름
수세(樹勢)	나무자람새
수수(穗數)	이삭수
수수(穗首)	이삭목
수수도열병 (穗首稻熱病)	목도열병
수수분화기 (穗首分化期)	이삭 생길 때
수수형(穗數型)	이삭 많은 형
수양성하리 (水樣性下痢)	물똥설사
수엽량(收葉量)	뽕 거둔량
수아(收蛾)	나방 거두기
수온(水溫)	물온도
수온상승(水溫上昇)	물온도 높이기
수용성(水溶性)	물에 녹는
수용제(水溶劑)	물녹임약
수유(受乳)	젖받기, 젖주기
수유율(受乳率)	젖먹는 비율
수이(水飴)	물엿
수장(穗長)	이삭길이
수전기(穗期)	이삭 거의 팼을 때
수정(受精)	정받이
수정란(受精卵)	정받이알
수조(水槽)	물통
수종(水腫)	물종기
수중형(穗重型)	큰이삭형
수차(手車)	손수레
수차(水車)	물방아
수척(瘦瘠)	여윔
수침(水浸)	물잠김
수태(受胎)	새끼배기
수포(水泡)	물집
수피(樹皮)	나무 껍질
수형(樹形)	나무 모양
수형(穗形)	이삭 모양
수화제(水和劑)	물풀이약
수확(收穫)	거두기
수확기(收穫機)	거두는 기계
숙근성(宿根性)	해묵이
숙기(熟期)	익음 때
숙도(熟度)	익은 정도
숙면기(熟眠期)	깊은 잠 때
숙사(熟飼)	끓여 먹이기
숙잠(熟蠶)	익은 누에
숙전(熟田)	길든 밭
숙지삽(熟枝揷)	굳가지꽂이
숙채(熟菜)	익힌 나물
순찬경법(順次耕法)	차례 갈기
순치(馴致)	길들이기
순화(馴化)	길들이기, 굳히기
순환관개(循環灌漑)	돌려 물대기
순회관찰(巡廻觀察)	돌아보기
습답(濕畓)	고논
습포육(濕布育)	젖은 천 덮어치기
승가(乘駕)	교배를 위해 등에 올라타는 것
시(柿)	감
시비(施肥)	거름주기, 비료주기
시비개선(施肥改善)	거름주는 방법을 좋게 바꿈
시비기(施肥機)	거름주개
시산(始産)	처음 낳기
시실아(柿實蛾)	감꼭지나방
시진(視診)	살펴보기 진단, 보기진단
시탈삽(柿脫澁)	감우림
식단(食單)	차림표
식부(植付)	심기
식상(植傷)	몸살
식상(植桑)	뽕나무심기
식습관(食習慣)	먹는 버릇
식양토(埴壤土)	질참흙
식염(食鹽)	소금

식염첨가(食鹽添加)	소금치기		아주지(亞主枝)	버금가지
식우성(食羽性)	털 먹는 버릇		아충(蚜蟲)	진딧물
식이(食餌)	먹이		악	꽃받침
식재거리(植栽距離)	심는 거리		악성수종(惡性水腫)	악성물종기
식재법(植栽法)	심는 법		악편(萼片)	꽃받침조각
식토(植土)	질흙		안(眼)	눈
식하량(食下量)	먹는 양		안점기(眼点期)	점보일 때
식해(食害)	갉음 피해		암거배수(暗渠排水)	속도랑 물빼기
식혈(植穴)	심을 구덩이		암발아종자	그늘받이씨
식흔(食痕)	먹은 흔적		(暗發芽種子)	
신미종(辛味種)	매운 품종		암최청(暗催靑)	어둠 알깨기
신소(梢新)	새가지, 새순		압궤(壓潰)	눌러 으깨기
신소삽목(新揷木)	새순 꺾꽂이		압사(壓死)	깔려죽음
신소엽량(新葉量)	새순 잎양		압조법(壓條法)	휘묻이
신엽(新葉)	새잎		압착기(壓搾機)	누름틀
신장(腎臟)	콩팥, 신장		액비(液肥)	물거름, 액체비료
신장기(伸張期)	줄기자람 때		액아(腋芽)	겨드랑이눈
신장절(伸張節)	자란 마디		액제(液劑)	물약
신지(新枝)	새가지		액체비료(液體肥料)	물거름
신품종(新品種)	새품종		앵속(罌粟)	양귀비
실면(實棉)	목화		야건초(野乾草)	말린들풀
실생묘(實生苗)	씨모		야도아(夜盜蛾)	도둑나방
실생번식(實生繁殖)	씨로 불림		야도충(夜盜蟲)	도둑벌레,
심경(深耕)	깊이 갈이			밤나방의 어린 벌레
심경다비(深耕多肥)	깊이 갈아 걸우기		야생초(野生草)	들풀
심고(芯枯)	순마름		야수(野獸)	들짐승
심근성(深根性)	깊은 뿌리성		야자유(椰子油)	야자기름
심부명(深腐病)	속썩음병		야잠견(野蠶繭)	들누에고치
심수관개(深水灌漑)	물 깊이대기, 깊이대기		야적(野積)	들가리
심식(深植)	깊이심기		야초(野草)	들풀
심엽(心葉)	속잎		약(藥)	꽃밥
심지(芯止)	순멎음, 순멎이		약목(若木)	어린 나무
심층시비(深層施肥)	깊이 거름주기		약빈계(若牝鷄)	햇임탉
심토(心土)	속흙		약산성토양	약한 산성흙
심토층(心土層)	속흙층		(弱酸性土壤)	
십자화과(十字花科)	배추과		약숙(若熟)	덜익음
			약염기성(弱鹽基性)	약한 알칼리성
			약웅계(若雄鷄)	햇수탉
			약지(弱枝)	약한 가지
아(芽)	눈		약지(若枝)	어린 가지
아(蛾)	나방		약충(若蟲)	애벌레, 유충
아고병(芽枯病)	눈마름병		약토(若兎)	어린 토끼
아삽(芽揷)	눈꽃이		양건(陽乾)	볕에 말리기
아접(芽接)	눈접		양계(養鷄)	닭치기
아접도(芽接刀)	눈접칼		양돈(養豚)	돼지치기

양두(羊痘)	염소마마	연화병(軟化病)	무름병
양마(洋麻)	양삼	연화재배(軟化栽培)	연하게 가꾸기
양맥(洋麥)	호밀	열과(裂果)	열매터짐, 터진열매
양모(羊毛)	양털	열구(裂球)	통터짐, 알터짐, 터진알
양묘(養苗)	모 기르기	열근(裂根)	뿌리터짐, 터진 뿌리
양묘육성(良苗育成)	좋은 모 기르기	열대과수(熱帶果樹)	열대 과일나무
양봉(養蜂)	벌치기	열엽(裂葉)	갈래잎
양사(羊舍)	양우리	염기성(鹽基性)	알칼리성
양상(揚床)	돋움 모판	염기포화도	알칼리포화도
양수(揚水)	물 푸기	(鹽基飽和度)	
양수(羊水)	새끼집 물	염료(染料)	물감
양열재료(釀熱材料)	열 낼 재료	염료작물(染料作物)	물감작물
양유(羊乳)	양젖	염류농도(鹽類濃度)	소금기 농도
양육(羊肉)	양고기	염류토양(鹽類土壤)	소금기 흙
양잠(養蠶)	누에치기	염수(鹽水)	소금물
양접(揚接)	딴자리접	염수선(鹽水選)	소금물 가리기
양질미(良質米)	좋은 쌀	염안(鹽安)	염화암모니아
양토(壤土)	참흙	염장(鹽藏)	소금저장
양토(養兎)	토끼치기	염중독증(鹽中毒症)	소금중독증
어란(魚卵)	말린 생선알, 생선알	염증(炎症)	곪음증
어분(魚粉)	생선가루	염지(鹽漬)	소금절임
어비(魚肥)	생선거름	염해(鹽害)	짠물해
억제재배(抑制栽培)	늦추어가꾸기	염해지(鹽害地)	짠물해 땅
언지법(偃枝法)	휘묻이	염화가리(鹽化加里)	염화칼리
얼자(蘖子)	새끼가지	엽고병(葉枯病)	잎마름병
엔시리지(ensilage)	담근먹이	엽권병(葉倦病)	잎말이병
여왕봉(女王蜂)	여왕벌	엽권충(葉倦)	잎말이나방
역병(疫病)	돌림병	엽령(葉齡)	잎나이
역용우(役用牛)	일소	엽록소(葉綠素)	잎파랑이
역우(役牛)	일소	엽맥(葉脈)	잎맥
역축(役畜)	일가축	엽면살포(葉面撒布)	잎에 뿌리기
연가조상수확법	연간 가지 뽕거두기	엽면시비(葉面施肥)	잎에 거름주기
연골(軟骨)	물렁뼈	엽면적(葉面積)	잎면적
연구기(燕口期)	잎펼 때	엽병(葉炳)	잎자루
연근(蓮根)	연뿌리	엽비(葉)	응애
연맥(燕麥)	귀리	엽삽(葉插)	잎꽂이
연부병(軟腐病)	무름병	엽서(葉序)	잎차례
연사(練飼)	이겨 먹이기	엽선(葉先)	잎끝
연상(練床)	이긴 모판	엽선절단(葉先切斷)	잎끝자르기
연수(軟水)	단물	엽설(葉舌)	잎혀
연용(連用)	이어쓰기	엽신(葉身)	잎새
연이법(練餌法)	반죽먹이기	엽아(葉芽)	잎눈
연작(連作)	이어짓기	엽연(葉緣)	잎가선
연초야아(煙草夜蛾)	담배나방	엽연초(葉煙草)	잎담배
연하(嚥下)	삼킴	엽육(葉肉)	잎살

엽이(葉耳)	잎귀	외피복(外被覆)	겉덮기, 겉덮개
엽장(葉長)	잎길이	요(尿)	오줌
엽채류(葉菜類)	잎채소류, 잎채소붙이	요도결석(尿道結石)	오줌길에 생긴 돌
엽초(葉鞘)	잎집	요독증(尿毒症)	오줌독 증세
엽폭(葉幅)	잎 너비	요실금(尿失禁)	오줌 흘림
영견(營繭)	고치짓기	요의빈삭(尿意頻數)	오줌 자주 마려움
영계(鷄)	약병아리	요절병(腰折病)	잘록병
영년식물(永年植物)	오래살이 작물	욕광최아(浴光催芽)	햇볕에서 싹띄우기
영양생장(營養生長)	몸자람	용수로(用水路)	물대기 도랑
영화(穎化)	이삭꽃	용수원(用水源)	끝물
영화분화기	이삭꽃 생길 때	용제(溶劑)	녹는 약
(穎化分化期)		용탈(溶脫)	녹아 빠짐
예도(刈倒)	베어 넘김	용탈증(溶脫症)	녹아 빠진 흙
예찰(豫察)	미리 살핌	우(牛)	소
예초(刈草)	풀베기	우결핵(牛結核)	소결핵
예초기(刈草機)	풀베개	우량종자(優良種子)	좋은 씨앗
예취(刈取)	베기	우모(羽毛)	깃털
예취기(刈取機)	풀베개	우사(牛舍)	외양간
예폭(刈幅)	벨너비	우상(牛床)	축사에 소를 1마리씩
오모(汚毛)	더러운 털		수용하기 위한 구획
오수(汚水)	더러운 물	우승(牛蠅)	쇠파리
오염견(汚染繭)	물든 고치	우육(牛肉)	쇠고기
옥견(玉繭)	쌍고치	우지(牛脂)	쇠기름
옥사(玉絲)	쌍고치실	우형기(牛衡器)	소저울
옥외육(屋外育)	한데치기	우회수로(迂廻水路)	돌림도랑
옥촉서(玉蜀黍)	옥수수	운형병(雲形病)	수탉
옥총(玉葱)	양파	웅봉(雄蜂)	수벌
옥총승(玉葱蠅)	고자리파리	웅성불임(雄性不稔)	고자성
옥토(沃土)	기름진 땅	웅수(雄穗)	수이삭
온수관개(溫水灌漑)	더운 물대기	웅예(雄蕊)	수술
온욕법(溫浴法)	더운 물담그기	웅추(雄雛)	수평아리
완두상충(豌豆象蟲)	완두바구미	웅충(雄蟲)	수벌레
완숙(完熟)	다익음	웅화(雄花)	수꽃
완숙과(完熟果)	익은 열매	원경(原莖)	원줄기
완숙퇴비(完熟堆肥)	다썩은 두엄	원추형(圓錐形)	원뿔꽃
완전변태(完全變態)	갖춘 탈바꿈	원형화단(圓形花壇)	둥근 꽃밭
완초(莞草)	왕골	월과(越瓜)	김치오이
완효성(緩效性)	천천히 듣는	월년생(越年生)	두해살이
왕대(王臺)	여왕벌집	월동(越冬)	겨울나기
왕봉(王蜂)	여왕벌	위임신(僞姙娠)	헛배기
왜성대목(倭性臺木)	난장이 바탕나무	위조(萎凋)	시듦
외곽목책(外廓木柵)	바깥울	위조계수(萎凋係數)	시듦값
외래종(外來種)	외래품종	위조점(萎凋点)	시들점
외반경(外返耕)	바깥 돌아갈이	위축병(萎縮病)	오갈병
외상(外傷)	겉상처	위황병(萎黃病)	누른오갈병

유(柚)	유자	유합(癒合)	아뭄
유근(幼根)	어린 뿌리	유황(硫黃)	황
유당(乳糖)	젖당	유황대사(硫黃代謝)	황대사
유도(油桃)	민복숭아	유황화합물	황화합물
유두(乳頭)	젖꼭지	(硫黃化合物)	
유료작물(有料作物)	기름작물	유효경비율	참줄기비율
유목(幼木)	어린 나무	(有效莖比率)	
유묘(幼苗)	어린모	유효분얼최성기	참 새끼치기 최성기
유박(油粕)	깻묵	(有效分蘖最盛期)	
유방염(乳房炎)	젖알이	유효분얼 한계기	참 새끼치기 한계기
유봉(幼蜂)	새끼벌	(有效分蘖限界期)	
유산(乳酸)	젖산	유효분지수	참가지수, 유효가지수
유산(流産)	새끼지우기	(有效分枝數)	
유산가리(硫酸加里)	황산가리	유효수수(有效穗數)	참이삭수
유산균(乳酸菌)	젖산균	유휴지(遊休地)	묵힌 땅
유산망간	황산망간	육계(肉鷄)	고기를 위해 기르는 닭,
(硫酸mangan)			식육용 닭
유산발효(乳酸醱酵)	젖산 띄우기	육도(陸稻)	밭벼
유산양(乳山羊)	젖염소	육돈(陸豚)	살퇘지
유살(誘殺)	꾀어 죽이기	육묘(育苗)	모기르기
유상(濡桑)	물뽕	육묘대(陸苗垈)	밭모판, 밭못자리
유선(乳腺)	젖줄, 젖샘	육묘상(育苗床)	못자리
유수(幼穗)	어린 이삭	육성(育成)	키우기
유수분화기	이삭 생길 때	육아재배(育芽栽培)	싹내 가꾸기
(幼穗分化期)		육우(肉牛)	고기소
유수형성기	배동받이 때	육잠(育蠶)	누에치기
(幼穗形成期)		육즙(肉汁)	고기즙
유숙(乳熟)	젖 익음	육추(育雛)	병아리기르기
유아(幼芽)	어린 싹	윤문병(輪紋病)	테무늬병
유아등(誘蛾燈)	꾀임등	윤작(輪作)	돌려짓기
유안(硫安)	황산암모니아	윤환방목(輪換放牧)	옮겨 놓아 먹이기
유압(油壓)	기름 압력	윤환채초(輪換採草)	옮겨 풀베기
유엽(幼葉)	어린 잎	율(栗)	밤
유우(乳牛)	젖소	은아(隱芽)	숨은 눈
유우(幼牛)	애송아지	음건(陰乾)	그늘 말리기
유우사(乳牛舍)	젖소외양간, 젖소간	음수량(飮水量)	물먹는 양
유인제(誘引劑)	꾀임약	음지답(陰地畓)	응달논
유제(油劑)	기름약	응집(凝集)	엉김, 응집
유지(乳脂)	젖기름	응혈(凝血)	피 엉김
유착(癒着)	엉겨 붙음	의빈대(疑牝臺)	암틀
유추(幼雛)	햇병아리, 병아리	의잠(蟻蠶)	개미누에
유추사료(幼雛飼料)	햇병아리 사료	이(李)	자두
유축(幼畜)	어린 가축	이(梨)	배
유충(幼蟲)	애벌레, 약충	이개(耳介)	귓바퀴
유토(幼兎)	어린 토끼	이기작(二期作)	두 번 짓기

이년생화초 (二年生花草)	두해살이 화초	임돈(姙豚)	새끼밴 돼지
이대소야아 (二帶小夜蛾)	벼애나방	임신(姙娠)	새끼배기
		임신징후(姙娠徵候)	임신기, 새깨밴 징후
이면(二眠)	두잠	임실(稔實)	씨여뭄
이모작(二毛作)	두 그루갈이	임실유(荏實油)	들기름
이박(飴粕)	엿밥	입고병(立枯病)	잘록병
이백삽병(裏白澁病)	뒷면흰가루병	입단구조(粒團構造)	떼알구조
이병(痢病)	설사병	입도선매(立稻先賣)	벼베기 전 팔이,베기 전 팔이
이병경률(罹病莖率)	병든 줄기율	입란(入卵)	알넣기
이병묘(罹病苗)	병든 모	입색(粒色)	낟알색
이병성(罹病性)	병 걸림성	입수계산(粒數計算)	낟알 셈
이병수율(罹病穗率)	병든 이삭률	입제(粒劑)	싸락약
이병식물(罹病植物)	병든 식물	입중(粒重)	낟알 무게
이병주(罹病株)	병든 포기	입직기(叺織機)	가마니틀
이병주율(罹病株率)	병든 포기율	잉여노동(剩餘勞動)	남는 노동
이식(移植)	옮겨심기		
이앙밀도(移秧密度)	모내기밀도		
이야포(二夜包)	한밤 묵히기		
이유(離乳)	젖떼기		
이주(梨酒)	배술		
이품종(異品種)	다른 품종		
이하선(耳下線)	귀밑샘		
이형주(異型株)	다른 꼴 포기		
이화명충(二化螟蟲)	이화명나방		
이환(罹患)	병 걸림		

이희심식충(梨姬心食蟲)	배명나방	자(刺)	가시
익충(益蟲)	이로운 벌레	자가수분(自家受粉)	제 꽃가루 받이
인경(鱗莖)	비늘줄기	자견(煮繭)	고치삶기
인공부화(人工孵化)	인공알깨기	자궁(子宮)	새끼집
인공수정(人工受精)	인공 정받이	자근묘(自根苗)	제뿌리 모
인공포유(人工哺乳)	인공 젖먹이기	자돈(仔豚)	새끼돼지
인안(鱗安)	인산암모니아	자동급사기 (自動給飼機)	자동 먹이틀
인입(引入)	끌어들임	자동급수기 (自動給水機)	자동물주개
인접주(隣接株)	옆그루		
인초(藺草)	골풀	자만(子蔓)	아들덩굴
인편(鱗片)	쪽	자묘(子苗)	새끼모
인후(咽喉)	목구멍	자반병(紫斑病)	자주무늬병
일건(日乾)	볕말림	자방(子房)	씨방
일고(日雇)	날품	자방병(子房病)	씨방자루
일년생(一年生)	한해살이	자산양(子山羊)	새끼염소
일륜차(一輪車)	외바퀴수레	자소(紫蘇)	차조기
일면(一眠)	첫잠	자수(雌穗)	암이삭
일조(日照)	볕	자아(雌蛾)	암나방
일협립수(一莢粒數)	꼬투리당 일수	자연초지(自然草地)	자연 풀밭
		자엽(子葉)	떡잎
		자예(雌蕊)	암술
		자웅감별(雌雄鑑別)	암술 가리기
		자웅동체(雌雄同體)	암수 한 몸
		자웅분리(雌雄分離)	암수 가리기
		자저(煮藷)	찐고구마
		자추(雌雛)(作付體系)	암병아리

자침(刺針)	벌침
자화(雌花)	암꽃
자화수정(自花受精)	제 꽃가루받이, 제 꽃 정받이
작부체계(作付體系)	심기차례
작열감(灼熱感)	모진 아픔
작조(作條)	골타기
작토(作土)	갈이 흙
작형(作型)	가꿈꼴
작황(作況)	되는 모양, 농작물의 자라는 상황
작휴재배(作畦栽培)	이랑가꾸기
잔상(殘桑)	남은 뽕
잔여모(殘餘苗)	남은 모
잠가(蠶架)	누에 시렁
잠견(蠶繭)	누에고치
잠구(蠶具)	누에연모
잠란(蠶卵)	누에 알
잠령(蠶齡)	누에 나이
잠망(蠶網)	누에 그물
잠박(蠶箔)	누에 채반
잠복아(潛伏芽)	숨은 눈
잠사(蠶絲)	누에실, 잠실
잠아(潛芽)	숨은 눈
잠엽충(潛葉蟲)	잎굴나방
잠작(蠶作)	누에되기
잠족(蠶簇)	누에섶
잠종(蠶種)	누에씨
잠종상(蠶種箱)	누에씨상자
잠좌지(蠶座紙)	누에 자리종이
잡수(雜穗)	잡이삭
장간(長稈)	큰키
장과지(長果枝)	긴열매가지
장관(腸管)	창자
장망(長芒)	긴까락
장방형식(長方形植)	긴모꼴심기
장시형(長翅型)	긴날개꼴
장일성식물(長日性植物)	긴볕 식물
장일처리(長日處理)	긴볕 쐬기
장잠(壯蠶)	큰누에
장중첩(腸重疊)	창자 겹침
장폐색(腸閉塞)	창자 막힘
재발아(再發芽)	다시 싹나기
재배작형(栽培作型)	가꾸기꼴
재상(栽桑)	뽕가꾸기
재생근(再生根)	되난뿌리
재식(栽植)	심기
재식거리(栽植距離)	심는 거리
재식면적(栽植面積)	심는 면적
재식밀도(栽植密度)	심음배기, 심었을 때 빽빽한 정도
저(楮)	닥나무, 닥
저견(貯繭)	고치 저장
저니토(低泥土)	시궁흙
저마(苧麻)	모시
저밀(貯蜜)	꿀갈무리
저상(貯桑)	뽕저장
저설온상(低說溫床)	낮은 온상
저수답(貯水畓)	물받이 논
저습지(低濕地)	질펄 땅, 진 땅
저위생산답(低位生產畓)	소출낮은 논
저위예취(低位刈取)	낮추베기
저작구(咀嚼口)	씹는 입
저작운동(咀嚼運動)	씹기 운동, 씹기
저장(貯藏)	갈무리
저항성(低抗性)	버틸성
저해견(害繭)	구더기난 고치
저휴(低畦)	낮은 이랑
적고병(赤枯病)	붉은마름병
적과(摘果)	열매솎기
적과협(摘果鋏)	열매솎기 가위
적기(適期)	제때, 제철
적기방제(適期防除)	제때 방제
적기예취(適期刈取)	제때 베기
적기이앙(適期移秧)	제때 모내기
적기파종(適期播種)	제때 뿌림
적량살포(適量撒布)	알맞게 뿌리기
적량시비(適量施肥)	알맞은 양 거름주기
적뢰(摘蕾)	봉오리 따기
적립(摘粒)	알솎기
적맹(摘萌)	눈솎기
적미병(摘微病)	붉은곰팡이병
적상(摘桑)	뽕따기
적상조(摘桑爪)	뽕가락지
적성병(赤星病)	붉음별무늬병
적수(摘穗)	송이솎기
적심(摘芯)	순지르기
적아(摘芽)	눈따기

204

적엽(摘葉)	잎따기	점진최청(漸進催青)	점진 알깨기
적예(摘蕊)	순지르기	점청기(点青期)	점보일 때
적의(赤蟻)	붉은개미누에	점토(粘土)	찰흙
적토(赤土)	붉은 흙	점파(点播)	점뿌림
적화(摘花)	꽃솎기	접도(接刀)	접칼
전륜(前輪)	앞바퀴	접목묘(接木苗)	접나무모
전면살포(全面撒布)	전면뿌리기	접삽법(接插法)	접꽂아
전모(剪毛)	털깎기	접수(接穗)	접순
전묘대(田苗垈)	밭못자리	접아(接芽)	접눈
전분(澱粉)	녹말	접지(接枝)	접가지
전사(轉飼)	옮겨 기르기	접지압(接地壓)	땅누름 압력
전시포(展示圃)	본보기논, 본보기밭	정곡(精穀)	알곡
전아육(全芽育)	순뽕치기	정마(精麻)	속삼
전아육성(全芽育成)	새순 기르기	정맥(精麥)	보리쌀
전염경로(傳染經路)	옮은 경로	정맥강(精麥糠)	몽근쌀 비율
전엽육(全葉育)	잎뽕치기	정맥비율(精麥比率)	보리쌀 비율
전용상전(專用桑田)	전용 뽕밭	정선(精選)	잘 고르기
전작(前作)	앞그루	정식(定植)	아주심기
전작(田作)	밭농사	정아(頂芽)	끝눈
전작물(田作物)	밭작물	정엽량(正葉量)	잎뽕량
전정(剪定)	다듬기	정육(精肉)	살코기
전정협(剪定鋏)	다듬가위	정제(錠劑)	알약
전지(前肢)	앞다리	정조(正租)	알벼
전지(剪枝)	가지 다듬기	정조식(正租式)	줄모
전지관개(田地灌漑)	밭물대기	정지(整地)	땅고르기
전직장(前直腸)	앞곧은 창자	정지(整枝)	가지고르기
전층시비(全層施肥)	거름흙살 섞어주기	정화아(頂花芽)	끝꽃눈
절간(切干)	썰어 말리기	제각(除角)	뿔 없애기, 뿔 자르기
절간(節間)	마디사이	제경(除莖)	줄기치기
절간신장기	마디 자랄 때	제과(製菓)	과자만들기
(節間伸長期)		제대(臍帶)	탯줄
절간장(節稈長)	마디길이	제대(除袋)	봉지 벗기기
절개(切開)	가름	제동장치(制動裝置)	멈춤장치
절근아법(切根芽法)	뿌리눈접	제마(製麻)	삼 만들기
절단(切斷)	자르기	제맹(除萌)	순따기
절상(切傷)	베인 상처	제면(製麵)	국수 만들기
절수재배(節水栽培)	물 아껴 가꾸기	제사(除沙)	똥갈이
절접(切接)	깍기접	제심(除心)	속대 자르기
절토(切土)	흙깍기	제염(除鹽)	소금빼기
절화(折花)	꽃이꽃	제웅(除雄)	수술치기
절흔(切痕)	베인 자국	제점(臍点)	배꼽
점등사육(點燈飼育)	불켜 기르기	제족기(第簇機)	섶틀
점등양계(點燈養鷄)	불켜 닭기르기	제초(除草)	김매기
점적식관수	방울 물주기	제핵(除核)	씨빼기
(点滴式灌水)		조(棗)	대추

조간(條間)	줄 사이	종자예조(種子豫措)	종자가리기
조고비율(組槁比率)	볏짚비율	종자전염(種子傳染)	씨앗 전염
조기재배(早期栽培)	일찍 가꾸기	종창(腫脹)	부어오름
조맥강(粗麥糠)	거친 보릿겨	종축(種畜)	씨가축
조사(繰絲)	실켜기	종토(種兎)	씨토끼
조사료(粗飼料)	거친 먹이	종피색(種皮色)	씨앗 빛
조상(條桑)	가지뽕	좌상육(桑育)	뽕썰어치기
조상육(條桑育)	가지뽕치기	좌아육(芽育)	순썰어치기
조생상(早生桑)	올뽕	좌절도복(挫折倒伏)	꺾어 쓰러짐
조생종(早生種)	올씨	주(株)	포기, 그루
조소(造巢)	벌집 짓기, 집 짓기	주간(主幹)	원줄기
조숙(早熟)	올 익음	주간(株間)	포기사이, 그루사이
조숙재배(早熟栽培)	일찍 가꾸기	주간거리(株間距離)	그루사이, 포기사이
조식(早植)	올 심기	주경(主莖)	원줄기
조식재배(早植栽培)	올 심어 가꾸기	주근(主根)	원뿌리
조지방(粗脂肪)	거친 굳기름	주년재배(周年栽培)	사철가꾸기
조파(早播)	올 뿌림	주당수수(株當穗數)	포기당 이삭수
조파(條播)	줄뿌림	주두(柱頭)	암술머리
조회분(粗灰分)	거친 회분	주아(主芽)	으뜸눈
족(簇)	섶	주위작(周圍作)	둘레심기
족답탈곡기	디딜 탈곡기	주지(主枝)	원가지
(足踏脫穀機)		중간낙수(中間落水)	중간 물떼기
족착견(簇着繭)	섶자국 고치	중간아(中間芽)	중간눈
종견(種繭)	씨고치	중경(中耕)	매기
종계(種鷄)	씨닭	중경제초(中耕除草)	김매기
종구(種球)	씨알	중과지(中果枝)	중간열매가지
종균(種菌)	씨균	중력분(中力粉)	보통 밀가루, 밀가루
종근(種根)	씨뿌리	중립종(中粒種)	중씨앗
종돈(種豚)	씨돼지	중만생종(中晩生種)	엊늦씨
종란(種卵)	씨알	중묘(中苗)	중간 모
종모돈(種牡豚)	씨수돼지	중생종(中生種)	가온씨
종모우(種牡牛)	씨황소	중식기(中食期)	중밥 때
종묘(種苗)	씨모	중식토(重植土)	찰질흙
종봉(種蜂)	씨벌	중심공동서	속 빈 감자
종부(種付)	접붙이기	(中心空胴薯)	
종빈돈(種牝豚)	씨암돼지	중추(中雛)	중병아리
종빈우(種牝牛)	씨암소	증체량(增體量)	살찐 양
종상(終霜)	끝서리	지(枝)	가지
종실(種實)	씨알	지각(枳殼)	탱자
종실중(種實重)	씨무게	지경(枝梗)	이삭가지
종양(腫瘍)	혹	지고병(枝枯病)	가지마름병
종자(種子)	씨앗, 씨	지근(枝根)	갈림 뿌리
종자갱신(種子更新)	씨앗갈이	지두(枝豆)	풋콩
종자교환(種子交換)	씨앗바꾸기	지력(地力)	땅심
종자근(種子根)	씨뿌리	지력증진(地力增進)	땅심 돋우기

지면잠(遲眠蠶) 늦잠누에
지발수(遲發穗) 늦이삭
지방(脂肪) 굳기름
지분(紙盆) 종이분
지삽(枝揷) 가지꽂이
지엽(止葉) 끝잎
지잠(遲蠶) 처진 누에
지접(枝接) 가지접
지제부분(地際部分) 땅 닿은 곳
지조(枝條) 가지
지주(支柱) 받침대
지표수(地表水) 땅윗물
지하경(地下莖) 땅 속 줄기
지하수개발 땅 속 물 찾기
(地下水開發)
지하수위(地下水位) 지하수 높이
직근(直根) 곧은 뿌리
직근성(直根性) 곧은 뿌리성
직립경(直立莖) 곧은 줄기
직립성낙화생 오뚜기땅콩
(直立性落花生)
직립식(直立植) 곧추 심기
직립지(直立枝) 곧은 가지
직장(織腸) 곧은 창자
직파(直播) 곧 뿌림
진균(眞菌) 곰팡이
진압(鎭壓) 눌러주기
질사(窒死) 질식사
질소과잉(窒素過剩) 질소 넘침
질소기아(窒素饑餓) 질소 부족
질소잠재지력 질소 스민 땅심
(窒素潛在地力)
징후(徵候) 낌새

차광(遮光) 볕가림
차광재배(遮光栽培) 볕가림 가꾸기
차륜(車輪) 차바퀴
차일(遮日) 해가림
차전초(車前草) 질경이
차축(車軸) 굴대
착과(着果) 열매 달림, 달린 열매
착근(着根) 뿌리 내림
착뢰(着蕾) 망울 달림

착립(着粒) 알달림
착색(着色) 색깔 내기
착유(搾乳) 젖짜기
착즙(搾汁) 즙내기
착탈(着脫) 달고 떼기
착화(着花) 꽃달림
착화불량(着花不良) 꽃눈 형성 불량
찰과상(擦過傷) 긁힌 상처
창상감염(創傷感染) 상처 옮음
채두(菜豆) 강낭콩
채란(採卵) 알걷이
채랍(採蠟) 밀따기
채묘(採苗) 모찌기
채밀(採蜜) 꿀따기
채엽법(採葉法) 잎따기
채종(採種) 씨받이
채종답(採種畓) 씨받이논
채종포(採種圃) 씨받이논, 씨받이밭
채토장(採土場) 흙캐는 곳
척박토(瘠薄土) 메마른 흙
척수(脊髓) 등골
척추(脊椎) 등뼈
천경(淺耕) 얕이갈이
천공병(穿孔病) 구멍병
천구소병(天拘巢病) 빗자루병
천근성(淺根性) 얕은 뿌리성
천립중(千粒重) 천알 무게
천수답(天水畓) 하늘바라기 논, 봉천답
천식(淺植) 얕심기
천일건조(天日乾操) 볕말림
청경법(淸耕法) 김매 가꾸기
청고병(靑枯病) 풋마름병
청마(靑麻) 어저귀
청미(靑米) 청치
청수부(靑首部) 가지와 뿌리의 경계부
청예(靑刈) 풋베기
청예대두(靑刈大豆) 풋베기 콩
청예목초(靑刈木草) 풋베기 목초
청예사료(靑刈飼料) 풋베기 사료
청예옥촉서 풋베기 옥수수
(靑刈玉蜀黍)
청정채소(淸淨菜蔬) 맑은 채소
청초(靑草) 생풀
체고(體高) 키
체장(體長) 몸길이

초가(草架)	풀시렁	추비(追肥)	웃거름
초결실(初結實)	첫 열림	추수(秋收)	가을걷이
초고(枯)	잎집마름	추식(秋植)	가을심기
초목회(草木灰)	재거름	추엽(秋葉)	가을잎
초발이(初發苡)	첫물 버섯	추작(秋作)	가을가꾸기
초본류(草本類)	풀붙이	추잠(秋蠶)	가을누에
초산(初産)	첫배 낳기	추잠종(秋蠶種)	가을누에씨
초산태(硝酸態)	질산태	추접(秋接)	가을접
초상(初霜)	첫 서리	추지(秋枝)	가을가지
초생법(草生法)	풀두고 가꾸기	추파(秋播)	덧뿌림
초생추(初生雛)	갓 깬 병아리	추화성(趨化性)	물따름성, 물쫓음성
초세(草勢)	풀자람새, 잎자람새	축사(畜舍)	가축우리
초식가축(草食家畜)	풀먹이 가축	축엽병(縮葉病)	잎오갈병
초안(硝安)	질산암모니아	춘경(春耕)	봄갈이
초유(初乳)	첫젖	춘계재배(春季栽培)	봄가꾸기
초자실재배	유리온실 가꾸기	춘국(春菊)	쑥갓
(硝子室栽培)		춘벌(春伐)	봄베기
초장(草長)	풀 길이	춘식(春植)	봄심기
초지(草地)	꼴 밭	춘엽(春葉)	봄잎
초지개량(草地改良)	꼴 밭 개량	춘잠(春蠶)	봄누에
초지조성(草地造成)	꼴 밭 가꾸기	춘잠종(春蠶種)	봄누에씨
초추잠(初秋蠶)	초가을 누에	춘지(春枝)	봄가지
초형(草型)	풀꽃	춘파(春播)	봄뿌림
촉각(觸角)	더듬이	춘파묘(春播苗)	봄모
촉서(蜀黍)	수수	춘파재배(春播栽培)	봄가꾸기
촉성재배(促成栽培)	철 당겨 가꾸기	출각견(出殼繭)	나방난 고치
총(葱)	파	출사(出絲)	수염나옴
총생(叢生)	모듬남	출수(出穗)	이삭패기
총체벼	사료용 벼	출수기(出穗期)	이삭팰 때
총체보리	사료용 보리	출아(出芽)	싹나기
최고분얼기	최고 새끼치기 때	출웅기(出雄期)	수이삭 때, 수이삭날 때
(最高分蘖期)		출하기(出荷期)	제철
최면기(催眠期)	잠 들 무렵	충령(蟲齡)	벌레나이
최아(催芽)	싹 틔우기	충매전염(蟲媒傳染)	벌레전염
최아재배(催芽栽培)	싹 틔워 가꾸기	충영(蟲癭)	벌레 혹
최청(催靑)	알깨기	충분(蟲糞)	곤충의 똥
최청기(催靑器)	누에깰 틀	취목(取木)	휘묻이
추경(秋耕)	가을갈이	취소성(就巢性)	품는 버릇
추계재배(秋季栽培)	가을가꾸기	측근(側根)	곁뿌리
추광성(趨光性)	빛 따름성, 빛 쫓음성	측아(側芽)	곁눈
추대(抽薹)	꽃대 신장, 꽃대 자람	측지(側枝)	곁가지
추대두(秋大豆)	가을콩	측창(側窓)	곁창
추백리병(雛白痢病)	병아리흰설사병,	측화아(側花芽)	곁꽃눈
	병아리설사병	치묘(稚苗)	어린 모
추비(秋肥)	가을거름	치은(齒)	잇몸

치잠(稚蠶)	애누에	포낭(包囊)	홀씨 주머니
치잠공동사육	애누에 공동치기	포란(抱卵)	알 품기
(稚蠶共同飼育)		포말(泡沫)	거품
치차(齒車)	톱니바퀴	포복(匍匐)	덩굴 뻗음
친주(親株)	어미 포기	포복경(匍匐莖)	땅 덩굴줄기
친화성(親和性)	어울림성	포복성낙화생	덩굴땅콩
침고(寢藁)	깔짚	(匍匐性落花生)	
침시(沈枾)	우려낸 감	포엽(苞葉)	이삭잎
침종(浸種)	씨앗 담그기	포유(胞乳)	젖먹이, 적먹임
침지(浸漬)	물에 담그기	포자(胞子)	홀씨
		포자번식(胞子繁殖)	홀씨번식
		포자퇴(胞子堆)	홀씨더미
ㅋ		포충망(捕蟲網)	벌레그물
		쪽(幅)	너비
칼티베이터	중경제초기	폭립종(爆粒種)	튀김씨
(Cultivator)		표충(瓢蟲)	무당벌레
		표층시비(表層施肥)	표층 거름주기, 겉거름 주기
ㅍ		표토(表土)	겉흙
		표피(表皮)	겉껍질
파쇄(破碎)	으깸	표형견(俵形繭)	땅콩형 고치
파악기(把握器)	교미틀	풍건(風乾)	바람말림
파조(播條)	뿌림 골	풍선(風選)	날려 고르기
파종(播種)	씨뿌림	플라우(Plow)	쟁기
파종상(播種床)	모판	플랜터(Planter)	씨뿌리개, 파종기
파폭(播幅)	골 너비	피마(皮麻)	껍질삼
파폭률(播幅率)	골 너비율	피맥(皮麥)	겉보리
파행(跛行)	절뚝거림	피목(皮目)	껍질눈
패각(貝殼)	조가비	피발작업(拔作業)	피사리
패각분말(敗殼粉末)	조가비 가루	피복(被覆)	덮개, 덮기
펠레트(Pellet)	덩이먹이	피복재배(被覆栽培)	덮어 가꾸기
편식(偏食)	가려먹음	피해경(被害莖)	피해 줄기
편포(扁浦)	박	피해립(被害粒)	상한 낟알
평과(苹果)	사과	피해주(被害株)	피해 포기
평당주수(坪當株數)	평당 포기수		
평부잠종(平附蠶種)	종이받이 누에		
평분(平盆)	넓적분	**ㅎ**	
평사(平舍)	바닥 우리		
평사(平飼)	바닥 기르기(축산),	하계파종(夏季播種)	여름 뿌림
	넓게 치기(잠업)	하고(夏枯)	더위시듦
평예법(坪刈法)	평뜨기	하기전정(夏期剪定)	여름 가지치기
평휴(平畦)	평이랑	하대두(夏大豆)	여름 콩
폐계(廢鷄)	못쓸 닭	하등(夏橙)	여름 귤
폐사율(廢死率)	죽는 비율	하리(下痢)	설사
폐상(廢床)	비운 모판	하번초(下繁草)	아래퍼짐 풀, 밑퍼짐 풀, 지
폐색(閉塞)	막힘		표면에서 자라는 식물
폐장(肺臟)	허파	하벌(夏伐)	여름거름

농업용어

하비(夏肥)	여름거름	호숙(湖熟)	풀 익음
하수지(下垂枝)	처진 가지	호엽고병(縞葉枯病)	줄무늬마름병
하순(下脣)	아랫잎술	호접(互接)	맞접
하아(夏芽)	여름눈	호흡속박(呼吸速迫)	숨가쁨
하엽(夏葉)	여름잎	혼식(混植)	섞어심기
하작(夏作)	여름 가꾸기	혼용(混用)	섞어쓰기
하잠(夏蠶)	여름 누에	혼용살포(混用撒布)	섞어뿌림, 섞뿌림
하접(夏接)	여름접	혼작(混作)	섞어짓기
하지(夏枝)	여름 가지	혼종(混種)	섞임씨
하파(夏播)	여름 파종	혼파(混播)	섞어뿌림
한랭사(寒冷紗)	가림망	혼합맥강(混合麥糠)	섞음보릿겨
한발(旱魃)	가뭄	혼합아(混合芽)	혼합눈
한선(汗腺)	땀샘	화경(花梗)	꽃대
한해(旱害)	가뭄피해	화경(花莖)	꽃줄기
할접(割接)	짜개접	화관(花冠)	꽃부리
함미(鹹味)	짠맛	화농(化膿)	곪음
합봉(合蜂)	벌통합치기, 통합치기	화도(花桃)	꽃복숭아
합접(合接)	맞접	화력건조(火力乾操)	불로 말리기
해채(薤)	염교	화뢰(花蕾)	꽃봉오리
해충(害蟲)	해로운 벌레	화목(花木)	꽃나무
해토(解土)	땅풀림	화묘(花苗)	꽃모
행(杏)	살구	화본과목초	볏과목초
향식기(餉食期)	첫밥 때	(禾本科牧草)	
향신료(香辛料)	양념재료	화본과식물	볏과식물
향신작물(香愼作物)	양념작물	(禾本科植物)	
향일성(向日性)	빛 따름성	화부병(花腐病)	꽃썩음병
향지성(向地性)	빛 따름성	화분(花粉)	꽃가루
혈명견(穴明繭)	구멍고치	화산성토(火山成土)	화산흙
혈변(血便)	피똥	화산회토(火山灰土)	화산재
혈액응고(血液凝固)	피엉김	화색(花色)	꽃색
혈파(穴播)	구멍파종	화속상결과지	꽃덩이 열매가지
협(莢)	꼬투리	(化束狀結果枝)	
협실비율(莢實比率)	꼬투리알 비율	화수(花穗)	꽃송이
협장(莢長)	꼬투리 길이	화아(花芽)	꽃눈
협폭파(莢幅播)	좁은 이랑뿌림	화아분화(花芽分化)	꽃눈분화
형잠(形蠶)	무늬누에	화아형성(花芽形成)	꽃눈형성
호과(胡瓜)	오이	화용(化蛹)	번데기 되기
호도(胡挑)	호두	화진(花振)	꽃떨림
호로과(葫蘆科)	박과	화채류(花菜類)	꽃채소
호마(胡麻)	참깨	화탁(花托)	꽃받기
호마엽고병	깨씨무늬병	화판(花瓣)	꽃잎
(胡麻葉枯病)		화피(花被)	꽃덮이
호마유(胡麻油)	참기름	화학비료(化學肥料)	화학거름
호맥(胡麥)	호밀	화형(花型)	꽃모양
호반(虎班)	호랑무늬	화훼(花卉)	화초

환금작물(還金作物)	돈벌이작물		흑산양(黑山羊)	흑염소
환모(換毛)	털갈이		흑삽병(黑澁病)	검은가루병
환상박피(環床剝皮)	껍질 돌려 벗기기,		흑성병(黑星病)	검은별무늬병
	돌려 벗기기		흑수병(黑穗病)	깜부기병
환수(換水)	물갈이		흑의(黑蟻)	검은개미누에
환우(換羽)	털갈이		흑임자(黑荏子)	검정깨
환축(患畜)	병든 가축		흑호마(黑胡麻)	검정깨
활착(活着)	뿌리내림		흑호잠(黑縞蠶)	검은띠누에
황목(荒木)	제풀나무		흡지(吸枝)	뿌리순
황숙(黃熟)	누렇게 익음		희석(稀釋)	묽힘
황조슬충(黃條蝨虫)	배추벼룩잎벌레		희잠(姬蠶)	민누에
황촉규(黃蜀葵)	닥풀			
황충(蝗虫)	메뚜기			
회경(回耕)	돌아갈이			
회분(灰粉)	재			
회전족(回轉簇)	회전섶			
횡반(橫斑)	가로무늬			
횡와지(橫臥枝)	누운 가지			
후구(後軀)	뒷몸			
후기낙과(後期落果)	자라 떨어짐			
후륜(後輪)	뒷바퀴			
후사(後飼)	배게 기르기			
후산(後産)	태낳기			
후산정체(後産停滯)	태반이 나오지 않음			
후숙(後熟)	따서 익히기, 따서 익힘			
후작(後作)	뒷그루			
후지(後肢)	뒷다리			
훈연소독(燻煙消毒)	연기찜 소독			
훈증(燻蒸)	증기찜			
휴간관개(畦間灌漑)	고랑 물대기			
휴립(畦立)	이랑 세우기, 이랑 만들기			
휴립경법(畦立耕法)	이랑짓기			
휴면기(休眠期)	잠잘 때			
휴면아(休眠芽)	잠자는 눈			
휴반(畦畔)	논두렁, 밭두렁			
휴반대두(畦畔大豆)	두렁콩			
휴반소각(畦畔燒却)	두렁 태우기			
휴반식(畦畔式)	두렁식			
휴반재배(畦畔栽培)	두렁재배			
휴폭(畦幅)	이랑 너비			
휴한(休閑)	묵히기			
휴한지(休閑地)	노는 땅, 쉬는 땅			
흉위(胸圍)	가슴둘레			
흑두병(黑痘病)	새눈무늬병			
흑반병(黑斑病)	검은무늬병			

참외 재배

1판 1쇄 인쇄 2024년 09월 30일
1판 1쇄 발행 2024년 10월 10일
저   자 국립원예특작과학원
발 행 인 이범만
발 행 처 **21세기사** (제406-2004-00015호)
경기도 파주시 산남로 72-16 (10882)
Tel. 031-942-7861   Fax. 031-942-7864
E-mail : 21cbook@naver.com
Home-page : www.21cbook.co.kr
ISBN 979-11-6833-163-1

정가 25,000원